算数検定

親子ではじめよう

実用数学技能検定® 数検

算数検定

9級

公益財団法人 日本数学検定協会

まえがき

　このたびは，算数検定にご興味を示してくださりありがとうございます。低学年のお子さま用として手に取っていただいた方が多いのではないでしょうか。

　算数の学習といえば，たし算やひき算，九九，分数や小数などを思い浮かべる方が多いかもしれませんが，三角形や四角形，円などの図形も低学年から学び始める大切な内容の１つです。

　お子さまと形について会話をしたことはありますか？

　「どんな形が好きなのか」「どんな形が使われているのか」「形によってどんな特徴があるのか」かなど，いろいろな観点で話してみると，子どもたちの興味や発想に驚くことがあります。

　数学の世界では図形や空間について研究する学問を幾何学といいます。「幾何」とはなんとも不思議なことばです。「幾何」は中国読みで「ジーホー」と発音しますが，その由来が気になり調べてみますと，ギリシャ語で"土地"を意味する geō の発音からの当て字として幾何を使用したとのことでした（複数の説があります）。幾何学は英語では Geometry ですが，この Geo は英語でも"土地"や"地球"を意味することばであり，metry は"測量"を意味しています。つまり，幾何学の語源を探ると，土地，さらには地球を測るということにつながっていきます。そして，地球が出てくればその関心は宇宙へと広がっていきます。

　現在，宇宙を巡って，人工衛星を使って車両の自動運転を支援したり，月面で野菜作りの研究が行われたりと日々話題が更新されています。しかしながら，人類がさまざまな課題と向き合いながら，宇宙での事業を検討するに至るには地球を測る学問であった Geometry（幾何学）の発展があることを忘れてはいけません。

　お子さまが幾何学に興味をもつ最初の一歩はご家庭での形遊びになります。形遊びで経験したことが，ものの形に注目してその特徴を捉える力，身の回りの事象を図形の性質から考察する力となります。その延長線上に地球，そして宇宙の最先端の研究があるのです。

　算数といえば数と計算が真っ先に頭に浮かぶと思いますが，ぜひ図形の領域にも関心をもっていただき，お子さまとも形について話をしてみてください。もしかすると，その経験が宇宙研究の最先端での活躍につながっていくかもしれません。そして，その学びの定着を確認するために算数検定の活用をご検討ください。

公益財団法人 日本数学検定協会

目　次

この本の使い方

この本は，親子で取り組むことができる問題集です。基本事項の説明，例題，練習問題の３ステップが４ページ単位で構成されているので，無理なく少しずつ進めることができます。おうちの方へ向けた役立つ情報も載せています。キャラクターたちのコメントも読みながら，楽しく学習しましょう。

私たちと一緒にがんばりましょう！よろしくね！

かくみみ

こかく

① 基本事項の説明を読む

単元ごとにポイントをわかりやすく説明しています。

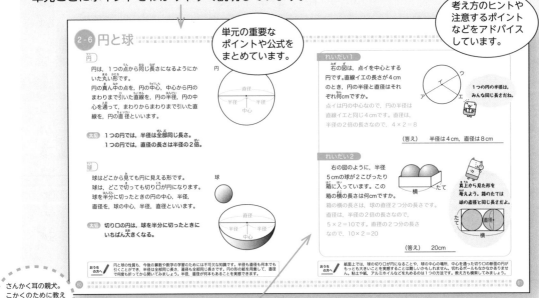

単元の重要なポイントや公式をまとめています。

考え方のヒントや注意するポイントなどをアドバイスしています。

さんかく耳の親犬。こかくのために教え方を研究中。

② 例題を使って理解を確かめる

基本事項の説明で理解した内容を，例題を使って確認しましょう。キャラクターのコメントを読みながら学べます。

③ 練習問題を解く

各単元で学んだことを定着させるための，練習問題です。

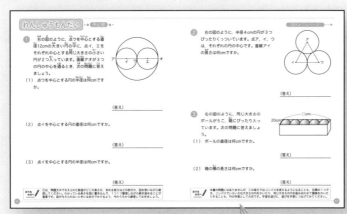

基本事項の説明や例題の解き方を思い出そう。

かくみみの子どもで，さんかく耳の子犬。自分の耳がさんかくなので，図形の勉強に興味津々。

④ おうちの方に向けた情報

教えるためのポイントなど，役立つ情報がたくさん載っています。

⑤ 算数パーク

算数をより楽しんでいただくために，計算めいろや数遊びなどの問題をのせています。親子でチャレンジしてみましょう。

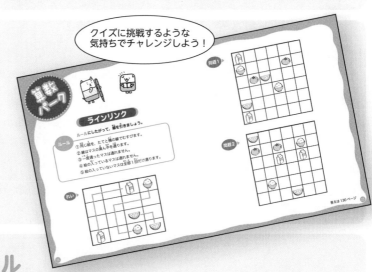

クイズに挑戦するような気持ちでチャレンジしよう！

⑥ 別冊ミニドリル

計算を中心とした問題を4回分収録しています。解答用紙がついているので，算数検定受検の練習にもなります。

「実用数学技能検定」とは

「実用数学技能検定」(後援＝文部科学省。対象：1 〜 11 級)は，数学・算数の実用的な技能(計算・作図・表現・測定・整理・統計・証明)を測る「記述式」の検定で，公益財団法人日本数学検定協会が実施している全国レベルの実力・絶対評価システムです。

検定階級

1 級，準 1 級，2 級，準 2 級，3 級，4 級，5 級，6 級，7 級，8 級，9 級，10 級，11 級，かず・かたち検定のゴールドスター，シルバースターがあります。おもに，数学領域である 1 級から 5 級までを「数学検定」と呼び，算数領域である 6 級から 11 級，かず・かたち検定までを「算数検定」と呼びます。

1 次：計算技能検定／ 2 次：数理技能検定

数学検定(1 〜 5 級)には，計算技能を測る「1 次：計算技能検定」と数理応用技能を測る「2 次：数理技能検定」があります。算数検定(6 〜 11 級，かず・かたち検定)には，1 次・2 次の区分はありません。

「実用数学技能検定」の特長とメリット

①「記述式」の検定

解答を記述することで，答えに至る過程や結果について理解しているかどうかをみることができます。

②学年をまたぐ幅広い出題範囲

準 1 級から 10 級までの出題範囲は，目安となる学年とその下の学年の 2 学年分または 3 学年分にわたります。1 年前，2 年前に学習した内容の理解についても確認することができます。

③取り組みがかたちになる

検定合格者には「合格証」を発行します。算数検定では，合格点に満たない場合でも，「未来期待証」を発行し，算数の学習への取り組みを証します。

合格証

未来期待証

受検方法

受検方法によって，検定日や検定料，受検できる階級や申込方法などが異なります。
くわしくは公式サイトでご確認ください。

👤 個人受検

日曜日に年3回実施する個人受検A日程と，土曜日に実施する個人受検B日程があります。
個人受検B日程で実施する検定回や階級は，会場ごとに異なります。

👥 団体受検

団体受検とは，学校や学習塾などで受検する方法です。団体が選択した検定日に実施されます。
くわしくは学校や学習塾にお問い合わせください。

✏️ 検定日当日の持ち物

持ち物 ＼ 階級	1～5級 1次	1～5級 2次	6～8級	9～11級	かず・かたち検定
受検証(写真貼付)※1	必須	必須	必須	必須	
鉛筆またはシャープペンシル（黒のHB・B・2B）	必須	必須	必須	必須	必須
消しゴム	必須	必須	必須	必須	必須
ものさし(定規)		必須	必須	必須	
コンパス		必須	必須		
分度器			必須		
電卓(算盤)※2		使用可			

※1 団体受検では受検証は発行・送付されません。
※2 使用できる電卓の種類　○一般的な電卓　○関数電卓　○グラフ電卓
　　通信機能や印刷機能をもつもの，携帯電話・スマートフォン・電子辞書・パソコンなどの電卓機能は使用できません。

階級の構成

階級	構成	検定時間	出題数	合格基準	目安となる学年
1級	1次： 計算技能検定 2次： 数理技能検定 があります。 はじめて受検 するときは1 次・2次両方 を受検します。	1次：60分 2次：120分	1次：7問 2次：2題必須・ 5題より 2題選択	1次： 全問題の 70％程度 2次： 全問題の 60％程度	大学程度・一般
準1級					高校3年程度 （数学Ⅲ・数学C程度）
2級		1次：50分 2次：90分	1次：15問 2次：2題必須・ 5題より 3題選択		高校2年程度 （数学Ⅱ・数学B程度）
準2級			1次：15問 2次：10問		高校1年程度 （数学Ⅰ・数学A程度）
3級		1次：50分 2次：60分	1次：30問 2次：20問		中学校3年程度
4級					中学校2年程度
5級					中学校1年程度
6級	1次／2次の 区分はありま せん。	50分	30問	全問題の 70％程度	小学校6年程度
7級					小学校5年程度
8級					小学校4年程度
9級		40分	20問		小学校3年程度
10級					小学校2年程度
11級					小学校1年程度
ゴールドスター			15問	10問	幼児
シルバースター					

数学検定

算数検定

かず・かたち検定

9級の検定基準(抄)

検定の内容	技能の概要	目安となる学年
整数の表し方，整数の加減，2けたの数をかけるかけ算，1けたの数でわるわり算，小数・分数の意味と表し方，小数・分数の加減，長さ・重さ・時間の単位と計算，時刻の理解，円と球の理解，二等辺三角形・正三角形の理解，数量の関係を表す式，表や棒グラフの理解など	**身近な生活に役立つ基礎的な算数技能** ①色紙などを，計算して同じ数に分けることができる。 ②調べたことを表や棒グラフにまとめることができる。 ③体重を単位を使って比較できる。	小学校3年程度
百の位までのたし算・ひき算，かけ算の意味と九九，簡単な分数，三角形・四角形の理解，正方形・長方形・直角三角形の理解，箱の形，長さ・水のかさと単位，時間と時計の見方，人数や個数の表やグラフ など	**身近な生活に役立つ基礎的な算数技能** ①商品の代金・おつりの計算ができる。 ②同じ数のまとまりから，全体の数を計算できる。 ③リボンの長さ・コップに入る水の体積を単位を使って表すことができる。 ④身の回りにあるものを分類し，整理して簡単な表やグラフに表すことができる。	小学校2年程度

9級の検定内容の構造

小学校3年程度	小学校2年程度	特有問題
45%	45%	10%

※割合はおおよその目安です。
※検定内容の10%にあたる問題は，実用数学技能検定特有の問題です。

問題

100より大きい数

100が3こで300，
10が2こで20，
1が5こで5，
300と20と5で325です。

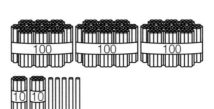

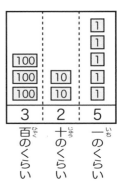

1000が5こで5000，
100が2こで200，
10が6こで60，
1が9こで9，
5000と200と60と9で5269です。

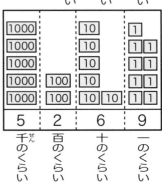

0　1000　2000　3000　4000　5000　6000　7000　8000　9000　10000

1000　1000　1000　1000

5000より4000大(おお)きい数(かず)は，9000です。

数(だいしょう)の大小は，記号(きごう)<，>(不等号(ふとうごう))，＝(等号(とうごう))を使(つか)って表(あらわ)します。

大>小
左(ひだり)のほうが大きい

小<大
右(みぎ)のほうが大きい

同＝同
右と左の大きさが同(おな)じ

大切　**100が10こで1000，1000が10こで10000。<，>，＝で数の大小を表せる。**

> おうち
> の方へ　　2年生の"100より大きい数"の学習範囲は，10000までの数です。一万の位は範囲外です。
> 10000は，千の位まででいちばん大きい数である9999より1大きい数であることや，1000を
> 10個集めた数であることを理解しておきましょう。

れいだい 1

1000を8こ，100を3こ，1を7こ合(あ)わせた数を書(か)きましょう。

1000が8こで8000，100が3こで300，

1が7こで7，8000と300と7で8307です。

千のくらい	百のくらい	十のくらい	一のくらい

10は0こなので
十のくらいには0を
わすれずに書こうね。

（答え）　　8307

れいだい 2

下(した)の数 直 線(すうちょくせん)で，あ，いにあてはまる数を答(こた)えましょう。

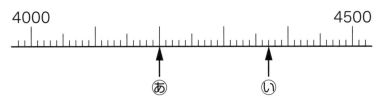

1目もりが
いくつかを
考(かんが)えてみよう。

いちばん大きい目もりは500を5こに分(わ)けているので，
1目もりは100を表しています。いちばん小さい目(ちい)もりは100を10こに
分けているので，1目もりは10を表しています。

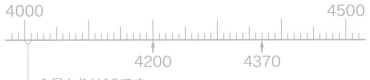

1目もりは10です

（答え）あ　4200　　い　4370

おうち
の方へ

数字の表し方は，算数・数学で使われているアラビア数字以外にもいろいろあります。Ⅰ，Ⅱ，Ⅲなどの表し方はローマ数字といいます。ローマ数字では，たとえば"1234"を"MCCⅩⅩⅩⅣ"と書きます。"千二百三十四"と書く漢数字と同じように，計算には向かない表し方です。

① 下の□□□にあてはまる数を答えましょう。

（1） 8100は，100を□□□こ集めた数です。

（答え）＿＿＿＿＿＿＿＿＿＿＿＿＿

（2） 9700より200大きい数は□□□です。

（答え）＿＿＿＿＿＿＿＿＿＿＿＿＿

（3） 3209の千のくらいの数は□□□，十のくらいの数は□□□です。

（答え）＿＿＿＿＿＿＿＿＿＿＿＿＿

② 下の図のようにお金があります。お金は全部で何円ありますか。数字だけを使って書きましょう。

（答え）＿＿＿＿＿＿＿＿＿＿＿＿＿

おうち
の方へ　　②は，お金を数える問題です。最近では，硬貨や紙幣に触れる機会が少なくなっているようです。しかし，子どものうちにお金に触れることはとても重要です。お金の役割を考えたり，金銭感覚を磨いたりしながら，お金の大切さを感得できるように促せるとよいですね。

3 下の数直線を見て，次の問題に答えましょう。

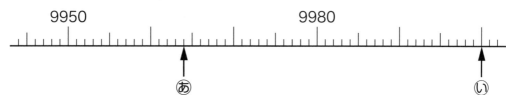

（1） いちばん小さい1目もりは，いくつを表していますか。

（答え）_____

（2） あ，いの目もりが表す数は，いくつですか。

（答え）あ_____ い_____

4 1, 2, 3, 4の4まいのカードをならべて，4けたの数をつくります。いちばん大きい数はいくつですか。

（答え）_____

おうちの方へ　④が簡単に解けるようなら，「いちばん小さい数はいくつ？」「2番めに大きい数はいくつ？」などと聞いてみてください。それも簡単に解けるようなら，2や3を抜き，5や6に入れかえて問題を出してみてもよいでしょう。いろいろな数字で，ゲームのように練習してください。

15

1-2 たし算とひき算（1）

何十，何百の計算

80＋40の計算

10が8こと，10が4こなので，

8と4をたして12，

10が12こで120

80＋40＝120

$$10 \times 8 \rightarrow 10 \times 4$$
8＋4＝12

700－500の計算

100が7こと，100が5こなので，

7から5をひいて2，

100が2こで200

700－500＝200

$$100 \times 7 \rightarrow 100 \times 5$$
7－5＝2

大切 何十，何百の計算は，10や100のまとまりが何こになるかを考える。

筆算

48＋27の計算

```
      1
    4 8
  + 2 7
  ─────
    7 5
```

一のくらいの計算
8＋7＝15
十のくらいに
1くり上げる
十のくらいの計算
1＋4＋2＝7

152－94の計算

```
      4
    1 5 2
  -   9 4
  ───────
      5 8
```

一のくらいの計算
十のくらいから1くり下げて
12－4＝8
十のくらいの計算
百のくらいから1くり下げて
14－9＝5

大切 筆算はくらいをそろえて書く。一のくらいからくらいごとに計算する。

おうちの方へ 筆算では位をそろえて書くことがとても大切です。はじめのうちは，方眼のノートなど，ます目のある紙に筆算を書いて練習するようにしましょう。方眼のノートがなければ，自分で線を引いて，ます目を作ってもよいでしょう。

16

れいだい1

赤い色紙が86まい，青い色紙が79まいあります。

色紙は全部で何まいありますか。

$$86 + 79 = 165$$

赤い色紙 　　青い色紙 　　全部
の数 　　　の数 　　　の数

$$\begin{array}{r} 1 \\ 8\,6 \\ +\ 7\,9 \\ \hline 1\,6\,5 \end{array}$$

一のくらいの計算
$6+9=15$
十のくらいに1くり上げる
十のくらいの計算
$1+8+7=16$

（答え）　165まい

れいだい2

ゆきさんは，284円を持って買い物に行き，お店で66円のペンを買いました。のこったお金は何円ですか。

$$284 - 66 = 218$$

はじめの 　　使った 　　のこった
お金 　　　お金 　　　お金

$$\begin{array}{r} 7 \\ 2\,\cancel{8}\,4 \\ -\ \ 6\,6 \\ \hline 2\,1\,8 \end{array}$$

一のくらいの計算
十のくらいから
1くり下げて
$14-6=8$
十のくらいの計算
$7-6=1$

（答え）　218円

一のくらいの計算は，十のくらいからくり下げるよ。

おうち
の方へ
位をそろえて書くことに慣れてきたら，ます目のない紙でも筆算で正しく計算できるように練習するよう促してください。テストや検定ではます目のない紙で計算することになるので，全部の計算にます目をかいていては，時間がかかってしまうでしょう。

1 ある町の市みんホールには，大ホールと小ホールがあります。大ホールは600人，小ホールは200人すわることができます。次の問題に答えましょう。

（1） 大ホールと小ホールにすわることができる人は，合わせて何人ですか。

(答え)

（2） 大ホールにすわることができる人は，小ホールにすわることができる人より何人多いですか。

(答え)

2 たけるさんは，全部で92ページある本を読んでいます。次の問題に答えましょう。

（1） さとるさんが読んでいる本は，たけるさんが読んでいる本より35ページ多いです。さとるさんが読んでいる本は何ページですか。

(答え)

（2） たけるさんは54ページ読み終わりました。のこりは何ページですか。

(答え)

 おうちの方へ 計算に慣れるには，たくさん練習することが大切です。ドリルを使ってもよいですし，大人がランダムに数字を並べて計算問題にしてもよいです。生活の中では，自動車のナンバープレートの前半の2桁と後半の2桁をたしたりひいたりすることでも計算練習ができます。

③ 水そうに，赤い金魚と黒い金魚がいます。赤い金魚は82ひきで，金魚は全部で128ぴきです。黒い金魚は何びきいますか。

(答え) _____

④ いつきさんは654円持っています。お姉さんが持っているお金は，いつきさんより39円多いです。お姉さんが持っているお金は何円ですか。

(答え) _____

⑤ あかりさんは，市みん農園でじゃがいもを育てています。前の年は68こ，今年は293こしゅうかくしました。今年しゅうかくしたじゃがいもの数は，前の年より何こふえましたか。

(答え) _____

おうちの方へ ✏ ③と⑤の問題文は，ひく数が先に，ひかれる数があとに出てくるように構成されています。単純に，先に出てきた数から並べて式を作ると間違えてしまいます。間違えた場合は，落ち着いて問題文を読み，どの数からどの数をひくのかを考えた上で式を作るように促してください。

かけ算（1）

クッキーが４まい入った
ふくろが３ふくろあるとき,
クッキー全部の数を考えます。

$$4 \quad × \quad 3 \quad = \quad 12$$

１つ分の数　　いくつ分　　全部の数

４をかけられる数,
３をかける数といいます。
かけ算は同じ数のまとまりが
いくつ分あるか考えて,
全部の数をもとめる計算です。
（１つ分の数）×（いくつ分）
＝（全部の数）で,　計算します。

かける数

	1	2	3	4	5	6	7	8	9
1	1	2	3	4	5	6	7	8	9
2	2	4	6	8	10	12	14	16	18
3	3	6	9	12	15	18	21	24	27
4	4	8	12	16	20	24	28	32	36
5	5	10	15	20	25	30	35	40	45
6	6	12	18	24	30	36	42	48	54
7	7	14	21	28	35	42	49	56	63
8	8	16	24	32	40	48	56	64	72
9	9	18	27	36	45	54	63	72	81

かけられる数

九九の　ひょう

かけられる数が４
かける数が３で
$4 × 3 ＝ 12$

大切 かける数が１ふえると,　答えはかけられる数だけ大きくなる。
かけ算では,　かけられる数とかける数を入れかえても,　答えは
同じになる。

**おうち
の方へ** クッキー４枚が３袋分ある場合,　かけ算の式では "４×３" と表せます。計算するときは,　４を
３回たし算するのと同じことと捉え, "４＋４＋４" を求めればよいです。この "４＋４＋４"
のように,　同じ数を何回も加えるたし算を同数累加といいます。かけ算はたし算ともいえます。

れいだい1

りんごが7こ入ったかごが6つあります。
りんごは全部で何こありますか。

7	×	6	=	42
1かご分の数		いくつ分		全部の数

（答え）　　42こ

「同じ数ずつ」は
「いくつ分」なので，
「全部の数」は，
かけ算でもとめよう。

れいだい2

さくらさんは色紙を3まいもっています。
お姉さんの色紙のまい数は，さくらさんの
色紙のまい数の5倍です。お姉さんは色紙
を何まいもっていますか。

「5倍」は「5つ分」と同じことなので，
かけ算で求めます。

3	×	5	=	15
さくらさんの 色紙のまい数		何倍		お姉さんの 色紙のまい数

何倍の数を
もとめるときも，
かけ算を使えば
よいよ。

（答え）　　15まい

1 次の問題に答えましょう。

（1） 玉ねぎが6こ入ったふくろが4つあります。玉ねぎは全部で何こありますか。

（答え）＿＿＿＿＿＿＿＿＿＿＿＿

（2） 1台に5人乗っている車が3台あります。全部で何人乗っていますか。

（答え）＿＿＿＿＿＿＿＿＿＿＿＿

（3） ひかりさんは，1日に算数のドリルを2ページときます。1週間でドリルを何ページとけますか。

（答え）＿＿＿＿＿＿＿＿＿＿＿＿

おうち
の方へ
かけ算九九を覚えることは大切ですが，生活の中の数量について式を作ることも大切です。「1袋にクッキーが5枚入っていて，それが6袋あるよ。全部で何枚？」などと問題を出してみましょう。状況を"5枚が6つ分"と整理し，"5×6"という式を作ることをめざします。

答えは 102 ページ ➡

2 次の◯にあてはまる数を答えましょう。

（1） 7×6の答えは7×5の答えより，◯大きいです。

（答え）＿＿＿＿＿＿＿＿＿＿＿

（2） 4×9の答えと9×◯の答えは同じです。

（答え）＿＿＿＿＿＿＿＿＿＿＿

3 チョコレートが8こ入った箱が3箱あります。きのうは5こ，今日は2こ食べました。のこりのチョコレートは何こですか。

（答え）＿＿＿＿＿＿＿＿＿＿＿

おうち
の方へ　日本の九九は伝統的な唱え方であり，語呂をよくして覚えやすいようになっています。海外では，語呂合わせで暗唱する国は少ないようですが，かけ算の式と答えを暗記することはあるようで，9×9までではなく，2桁×2桁まで扱う国もあります。

ラインリンク

ルールにしたがって，線を引きましょう。

ルール

① 同じ絵を，たてと横の線でむすびます。
② 線はマスの真ん中を通ります。
③ 一度通ったマスは通れません。
④ 絵の入っているマスは通れません。
⑤ 絵の入っていないマスは全部１回だけ通ります。

れい ▶

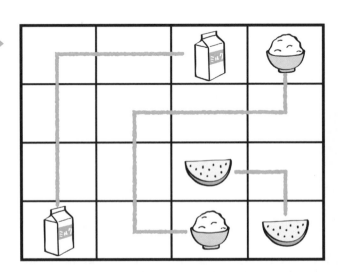

問題1 ▶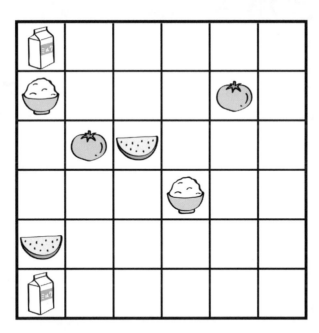

問題2 ▶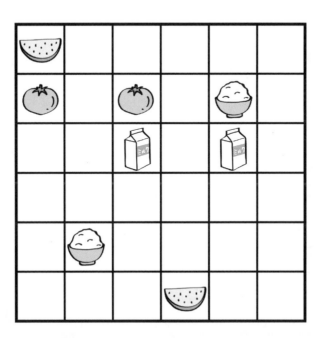

答えは 130 ページ

1-4 長さとかさ

長さとかさのたんい

長さは，1mや，1cm，1mmの何こ分かで表せます。
1mmは1cmを同じ長さ10こに分けた1つ分の長さ
です。まっすぐな線のことを直線といいます。直線
の長さをはかるときは左はしと0の目もりをそろえます。

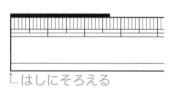

└はしにそろえる

かさは，1Lや1dL，1mLの何こ分かで表すことができます。

1Lは1dL10こ分の
かさです。

1dLは1mL100こ分の
かさです。

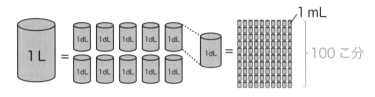

大切 1cm=10mm，1m=100cm。

1L=10dL，1dL=100mL，1L=1000mL。

長さとかさの計算

cmはcmどうし，mmはmmどうしで，LはLどうし，dLはdLどうし，mLはmL
どうしで計算します。

$$\boxed{4\,cm}\ \boxed{2\,mm} + \boxed{3\,cm}\ \boxed{7\,mm} = \boxed{7\,cm}\ \boxed{9\,mm}$$

$$\boxed{1\,L} - \boxed{4\,dL} = \boxed{10\,dL} - \boxed{4\,dL} = \boxed{6\,dL}$$

大切 同じたんいどうしを計算したり，たんいをそろえたりして，計算する。

> **おうち
> の方へ** cmやmm，L，dL，mLは，"普遍単位"といいます。「コップ3杯分の水」と言われても，紙
> コップかマグカップかで，量は変わります。そこで，mLなどの共通の単位が必要になります。
> 計量カップの"1カップ"も日本と海外では表す量が違いますが，普遍単位は世界共通です。

れいだい1

リボンの長さは何cm何mmですか。

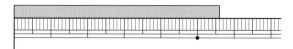

1cmが5こ分と，1mmが6こ分で，5cm6mmです。

（答え）　5cm6mm

れいだい2

2cm3mmと5cm6mmは合わせて何cm何mmですか。

cmはcmどうし，
mmはmmどうしで，
たし算をするよ。

（答え）　7cm9mm

れいだい3

2L4dLと6L3dLは合わせて何L何dLですか。

$$\boxed{2\text{L}}\ \boxed{4\text{dL}} + \boxed{6\text{L}}\ \boxed{3\text{dL}} = \boxed{8\text{L}}\ \boxed{7\text{dL}}$$

LはLどうし，dLはdL
どうしで，たし算を
すればよいね。

（答え）　8L7dL

① 下の図の線の長さは何cm何mmですか。ものさしを使ってはかりましょう。

（1）

（2）

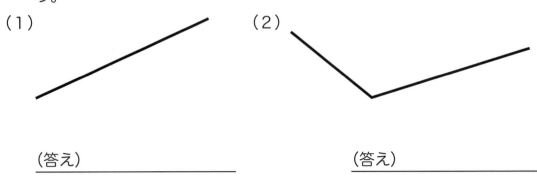

（答え）＿＿＿＿＿＿＿＿＿＿＿

（答え）＿＿＿＿＿＿＿＿＿＿＿

② 次の問題に答えましょう。

（1） 長さが15cm7mmのひもと，30cm9mmのひもがあります。ひもは合わせて何cm何mmですか。

（答え）＿＿＿＿＿＿＿＿＿＿＿

（2） 長さが20mのリボンがあります。9m6cm使うと，のこりのリボンの長さは何m何cmですか。

（答え）＿＿＿＿＿＿＿＿＿＿＿

おうち
の方へ

ものの長さやかさによって，単位を使い分けることが重要です。②（2）のリボンの長さは20mですが，mmで表すと20000mmとなり，桁数が多くなってしまいます。このように，単位を使い分けることで，数量が扱いやすくなります。

3 入れ物にそれぞれ水が入っています。いちばん多くの水が入っている入れものはどれですか。㋐，㋑，㋒の中からえらびましょう。

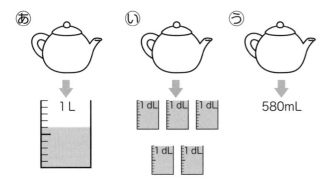

（答え）_____

4 次の問題に答えましょう。

（1） ジュースがコップに3dL，ビンに8dL入っています。ジュースは全部で何L何dLありますか。

（答え）_____

（2） ペットボトルにお茶が2L入っています。3dL飲むと，のこりのお茶は何L何dLですか。

（答え）_____

おうちの方へ ③の㋐と㋑は，入れ物のかさを読み取ります。混乱するようであれば，読み取ったかさをメモするように促してください。解説では，いちばん小さい単位のmLにそろえる方法ですが，小数を学んでいるようであれば，大きい単位にそろえる方法でも比較できます。

三角形と四角形

辺, ちょう点

三角形は, 3本の直線でかこまれた形です。四角形は, 4本の直線でかこまれた形です。三角形や四角形の, まわりの直線を辺, 三角形や四角形のかどの点をちょう点といいます。

三角形

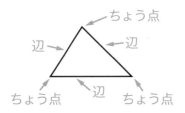

四角形

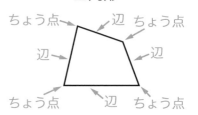

大切 三角形の辺は3本, ちょう点は3こ。四角形の辺は4本, ちょう点は4こ。

長方形, 正方形, 直角三角形

紙をおってできるかどの形を直角といいます。

長方形

正方形

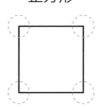

直角三角形

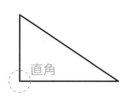

大切 長方形は, 4つのかどが全部直角になっている四角形。

正方形は, 4つかどが全部直角で, 4つの辺の長さが全部同じ四角形。

直角三角形は, 直角のかどがある三角形。

おうちの方へ	正方形や長方形, 三角形のものは身の回りにたくさんあります。「これは三角形？四角形？」「四角形なら, 正方形？長方形？」などと聞いて, 一緒に見つけてみましょう。また, 紙を2回折って直角を作る活動をしましょう。実感を伴って学習を進められるはずです。

れいだい1

下の図を見て，次の問題に答えましょう。

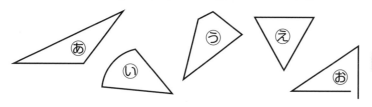

（1）三角形はどれですか。

（2）四角形はどれですか。

（1）3本の直線でかこまれているのは，あとえです。　　（答え）　　あ，え

（2）4本の直線でかこまれているのは，うです。　　　　（答え）　　う

3本の直線で
かこまれているのが
三角形で，4本の直線で
かこまれているのが四角形
だね。

れいだい2

右の図の正方形のまわりの
長さは何cmですか。

5cm

正方形は，4つの辺の長さが全部同じです。

まわりの長さは，4つの辺の長さの合計なので，

5×4＝20で，20cmです。

正方形の4つの辺の長さは
どうなっているかな？

（答え）　　20cm

れんしゅうもんだい　三角形と四角形

1　下のあからおまでの中から，三角形と四角形をそれぞれえらびましょう。

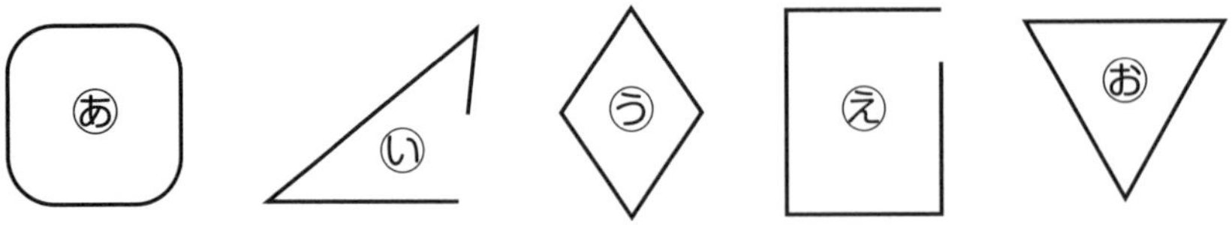

（答え）三角形　　　　　　　　四角形

2　下の図の中で，直角三角形，長方形，正方形はどれですか。あからくまでの中から全部えらびましょう。

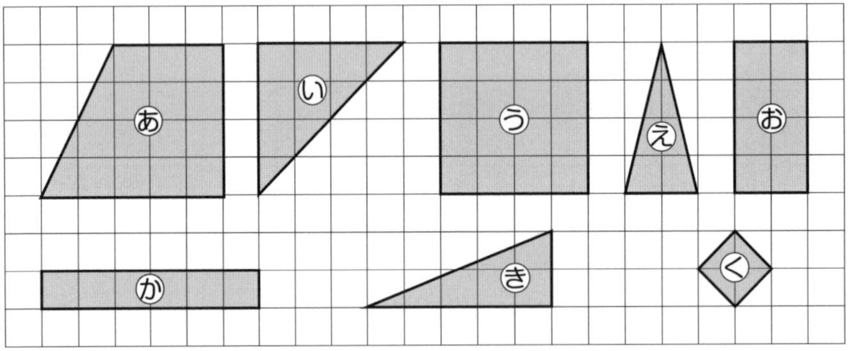

（答え）直角三角形　　　　　　　長方形　　　　　　　正方形

おうちの方へ　②で正しく選べた場合も，たとえば，あを指して「これはどうして長方形じゃないの？」などと聞いてもよいでしょう。ぜひ，その図形を選ばなかった理由を説明してもらってください。説明することで理解が深まり，類似問題にも対応できるようになります。

答えは 105 ページ

❸ 下の図で，どれとどれを組み合わせれば，長方形になりますか。⑰から
㋔の中から２つえらびましょう。

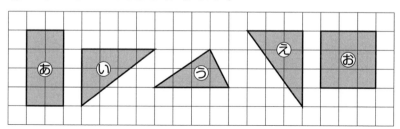

(答え) _____

❹ 右の図の四角形は長方形です。
次の問題に答えましょう。

（１） この長方形のまわりの長さは
何cmですか。

(答え) _____

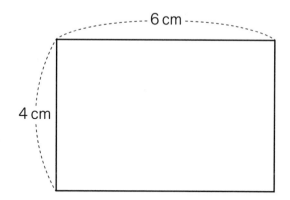

6 cm

4 cm

（２） 直線を１本引いて，長方形１つ
と正方形１つに分けます。図に直
線をかきましょう。

面は，箱の形でたいらなところです。辺は，箱の形で面と面のさかいの直線です。ちょう点は，箱の形で3本の辺が集まったところです。

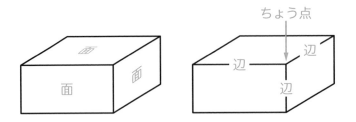

箱の形は，ひご（ぼう）とねん土玉や，工作用紙を使って作ることができます。

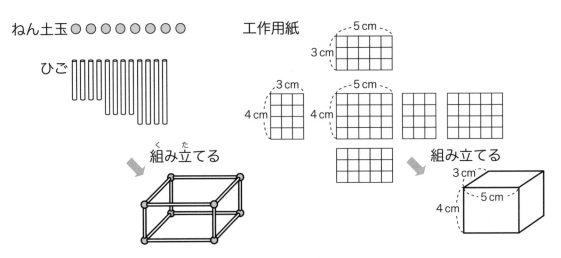

大切 箱の形の面は6つで，長方形か正方形。
向かい合う面の形は同じ。辺は12本，ちょう点は8こ。

 箱の形は，教科書や参考書の紙面上だけでは，理解しにくいかもしれません。四角形の面でできている箱なら何でもよいので，実際の箱を観察してみましょう。P.34のイラストと見比べながら，「ここが面だね。ここは何だろう？」などと話しながら，触って確認してください。

れいだい 1

右の箱の形について，次の問題に答えましょう。

（1） ちょう点は何こありますか。

（2） 8cmの辺は何本ありますか。

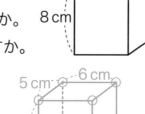

面の形は長方形だよ。長方形の向かい合う辺の長さは同じだね。

（1） ○をつけたところが
ちょう点です。8こ
あります。

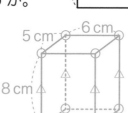

（答え）　　8こ

（2） △をつけたところが
8cmの辺です。4本あります。

（答え）　　4本

れいだい 2

ひごとねん土玉を使って，下のようなさいころの形を作りました。7cmのひごは何本ありますか。

さいころの形は辺の長さが全部
同じです。辺は全部で12本あり
ます。

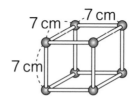

ひごのところは，箱の形の辺，ねん土玉のところは，ちょう点だね。

（答え）　　12本

おうち
の方へ　箱を観察したら，今度は作ってみてください。ひごの代わりに，割り箸を使っても構いません。また，工作用紙は方眼のノートを切ってもよいですし，紙の長さを測って切り取ってもよいです。組み立てる経験をすることで，箱の構成についての理解が深まります。

れんしゅうもんだい ・・● 箱の形 ●・・

① 右の図の箱の形について，次の問題に答えましょう。

(1) 辺は全部で何本ありますか。

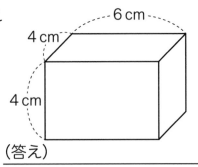

4 cm
6 cm
4 cm
4 cm

(答え)

(2) 長方形の面はいくつありますか。また，正方形の面はいくつありますか。

(答え) 長方形　　　　　　　　正方形

② 右の図の箱の形について，次の問題に答えましょう。

(1) ちょう点は全部で何こありますか。

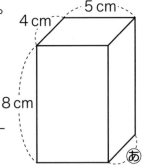

4 cm
5 cm
8 cm
あ

(答え)

(2) あの長さは何cmですか。

(答え)

おうち
の方へ

問題を解く場面でも，最初は実際の箱を見て考えてみましょう。ひごと粘土玉を使ってもよいですし，家にある箱を使ってもよいです。印をつけながら頂点を数えたり，可能であれば，長さを箱に書き込みながら辺を確認したりしましょう。

3 　工作用紙を使って，箱の形を作ります。（1），（2）の箱の形を作るとき，下の図のあからきまでの，どの四角形をそれぞれ何まい使いますか。

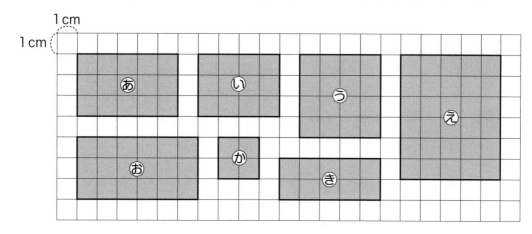

（1）

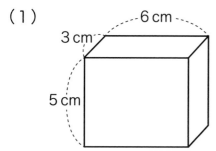

（答え）＿＿＿＿＿＿＿＿＿＿＿＿＿＿＿＿＿＿＿＿＿＿

（2）

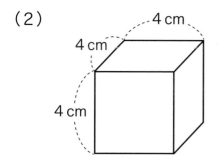

（答え）＿＿＿＿＿＿＿＿＿＿＿＿＿＿＿＿＿＿＿＿＿＿

計算めいろ

スタートからゴールまで,
◯の中の数を計算しながら進みます。
一度通った◯は通れません。

れい ▶ たした答えが, いちばん小さくなるように進みます。
ゴールしたときの答えは, いくつですか。

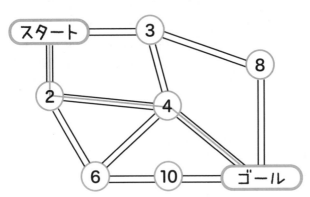

答え ▶ 6

れい ▶ かけた答えが, いちばん小さくなるように進みます。
ゴールしたときの答えは, いくつですか。

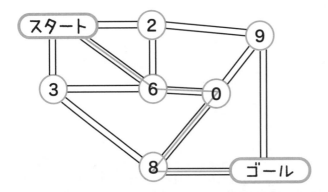

答え ▶ 0

問題1 ▶ たした答えが，いちばん大きくなるように進むとき，
答えはいくつですか。

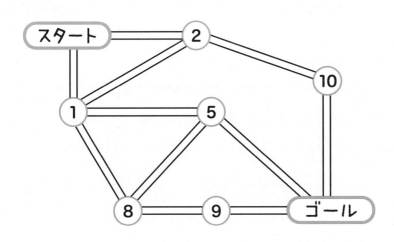

問題2 ▶ かけた答えが，いちばん大きくなるように進むとき，
答えはいくつですか。

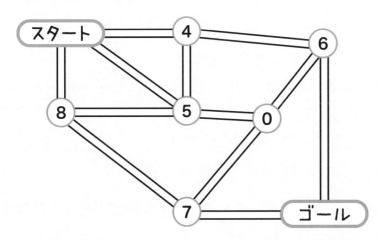

答え

答えは 131 ページ

2時45分5秒

時こくと時間のたんい

1日は24時間で，24時間は時計の短いはりが，

2まわりする時間です。

1日は24時間で，午前と午後が12時間ずつあります。

1時間は，時計の長いはりが，1まわりする時間です。

1分は，時計の長いはりが，1目もり進む時間です。

1秒は，時計のいちばんはやく進むはりが，1目もり進む時間です。

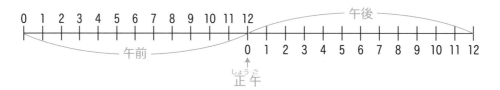

大切 時間のたんいは，時間，分，秒。

1日＝24時間，1時間＝60分，1分＝60秒。

時間の計算

8時40分から45分たった時こくをもとめます。

8時40分から9時までの時間は20分です。

45－20＝25なので，

9時から25分たった時こくは，9時25分です。

8時40分から45分たった時こくは，9時25分です。

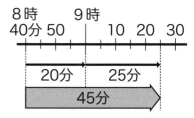

大切 時こくや時間の計算は，ちょうどの時こくや時間で分けて計算する。

おうち の方へ 3年生では時間の単位として秒を学習します。可能であれば，秒針のあるアナログ時計を準備して，秒針の動きと長針の関係を伝えましょう。1秒を示す点滅機能がついたデジタル時計もあります。点滅を数えながら，60秒で1分となることを確認できるとよいでしょう。

れいだい1

　ゆみさんが起きた時こくは，午前６時40分です。ゆみさんは起きてから１時間10分後に家を出ました。ゆみさんが家を出た時こくは，午前何時何分ですか。

午前６時40分から１時間10分たった時こくをもとめます。
午前６時40分から１時間たった時こくは午前７時40分，
午前７時40分から10分たった時こくは午前７時50分です。

(答え)午前７時50分

れいだい2

　午後１時20分から午後５時10分までの時間は，何時間何分ですか。

40分と３時間と10分を合わせた時間です。

(答え)　３時間50分

おうちの方へ　２年生では，簡単な場合の時刻や時間の求め方について学習しました。主に時計から時刻を読んで，時計を使って時間が経過したあとの時刻を求めます。３年生では，れいだいの解説のように，時刻に経過時間をたしたりひいたりして，計算で時刻を求めるようになります。

1 ともやさんは家から公園まで歩きました。ともやさんが公園に着いた時こくは午前9時40分でした。次の問題に答えましょう。

（1） ともやさんの家から公園までは15分かかりました。ともやさんが家を出た時こくは午前何時何分ですか。

（答え）＿＿＿＿＿＿＿＿＿＿＿

（2） ともやさんが家に帰ってきたのは，公園に着いた時こくの2時間後でした。ともやさんが家に帰ってきた時こくは何時何分ですか。

（答え）＿＿＿＿＿＿＿＿＿＿＿

（3） ともやさんは，家に帰ってきてから1時間25分後にお昼ごはんを食べ始めました。ともやさんがお昼ごはんを食べ始めた時こくは，何時何分ですか。

（答え）＿＿＿＿＿＿＿＿＿＿＿

おうちの方へ 時刻の計算も長さなどの計算と同様，時間は時間同士，分は分同士といったように同じ単位同士で計算します。繰り上げたり繰り下げたりするときは，60ごとであることを確認してください。
①（3）の分の計算は40＋25＝65（分）と計算でき，60分が1時間に繰り上げられます。

答えは 108 ページ

② 次の □ にあてはまる数を答えましょう。

（1） 1分10秒＝ □ 秒

（答え） _____

（2） 90秒＝ □ 分 □ 秒

（答え） _____

③ そうたさんは，午前10時30分から午後1時20分まで図書館にいました。そうたさんが図書館にいたのは何時間何分ですか。

（答え） _____

④ あゆみさんとかずきさんが，かた足で立っていられる時間をはかったところ，あゆみさんは3分7秒，かずきさんは169秒でした。どちらが何秒長く立っていられましたか。

（答え） _____

おうち
の方へ
この単元では，秒に関心をもつことが目標の1つです。スマートフォンなどでよいので，ストップウォッチを使った時間当て遊びをしてみてください。「誰がいちばん10秒に近い時間で止められるか勝負しよう」などと誘ってみましょう。秒がどのくらいの時間なのか体感できます。

かけ算（2）

2けたの数，3けたの数があるかけ算

2けた×1けたのかけ算の筆算は，くらいをたてにそろえて書き，一のくらいから計算します。

3けた×2けたのかけ算の筆算は，かける数の2けたをくらいごとに分けてかけ算し，その計算の答えをずらして書き，さいごに合計を計算します。

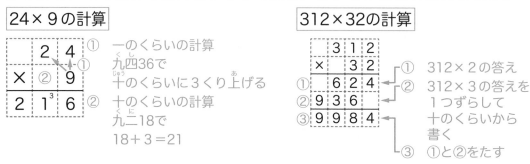

24×9の計算

① 一のくらいの計算
九四36で
十のくらいに3くり上げる

② 十のくらいの計算
九二18で
18＋3＝21

312×32の計算

① 312×2の答え
② 312×3の答えを1つずらして十のくらいから書く
③ ①と②をたす

> **大切** 2けたの数，3けたの数があるかけ算は筆算で計算する。

10倍した数，100倍した数

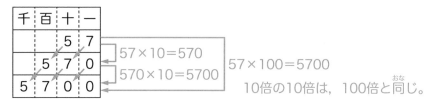

千	百	十	一
		5	7
	5	7	0
5	7	0	0

57×10＝570
570×10＝5700

57×100＝5700
10倍の10倍は，100倍と同じ。

> **大切** ある数を10倍すると，くらいが1つ上がって，もとの数の右はしに0を1つつけた数になる。

おうちの方へ 24×9の答えは，4×9と20×9をたした数です。この考え方は，2桁のかけ算を，1桁のかけ算の結果をたすという計算になおすというものです。筆算という方法によって，2年生で学習した九九の範囲を超えるかけ算を計算できるようになるわけです。

れいだい1

あめが97こ入っている箱が
8こあります。あめは全部で
何こありますか。

$$\begin{array}{r} 9\,7 \\ \times\ 8 \\ \hline 7\,7^{5}6 \end{array}$$

① 一のくらいの計算
八七56で
十のくらいに5くり上げる

② 十のくらいの計算
八九72で
72＋5＝77

$$97 \times 8 = 776$$

1箱の　　　　いくつ分　　　　全部の
あめの数　　　　　　　　　　　あめの数

（答え）　　776こ

れいだい2

長さが24cmのリボンがあります。このリボンの11倍の長さは何cmで
すか。

「11倍」は「11こ分」のことなので，かけ算でもとめます。

$$24 \times 11 = 264$$

もとの　　　　　　何倍　　　　もとめる
リボンの長さ　　　　　　　　リボンの長さ

$$\begin{array}{r} 2\,4 \\ \times\ 1\,1 \\ \hline 2\,4 \\ 2\,4\ \ \\ \hline 2\,6\,4 \end{array}$$

←① 24×1の答え
←② 24×1の答えを1つずらして十のくらいから書く
←③ ①と②をたす

（答え）　　264cm

おうち
の方へ

P.44の312×32の答えは，312×2と312×30をたした数です。解説の筆算で，②の欄の936の
後ろには0が隠れています。筆算をする際に，312×3の答えを十の位から書くことを忘れやす
い場合は，312×2と312×30の筆算をそれぞれ書いて，筆算の構造を確認してみましょう。

れんしゅうもんだい ・● かけ算（2） ●・

1 次(つぎ)の計算(けいさん)をしましょう。

（1） 23×4

(答え)＿＿＿＿＿＿＿＿

（2） 42×17

(答え)＿＿＿＿＿＿＿＿

（3） 10×74

(答え)＿＿＿＿＿＿＿＿

（4） 56×92

(答え)＿＿＿＿＿＿＿＿

（5） 100×28

(答え)＿＿＿＿＿＿＿＿

（6） 624×9

(答え)＿＿＿＿＿＿＿＿

（7） 151×38

(答え)＿＿＿＿＿＿＿＿

（8） 417×26

(答え)＿＿＿＿＿＿＿＿

おうちの方へ かける数やかけられる数が0の場合，答えは0になります。たとえば，１袋５個入りのあめが６袋あれば，あめは全部で30個です。しかし，１袋に入っているあめが0個だった場合，その袋が何袋あってもあめは0個です。また，５個入りの袋が0袋であれば，やはりあめは0個です。

答えは110ページ →

2 次の問題に答えましょう。

（1） あめを14人に同じ数ずつ分けると，1人分は9こでした。はじめにあったあめは何こですか。

（答え）＿＿＿＿＿＿＿＿＿＿＿＿

（2） 1箱にジュースが12本ずつ入っています。24箱では，ジュースは全部で何本ですか。

（答え）＿＿＿＿＿＿＿＿＿＿＿＿

（3） まゆみさんのクラスの人数は32人です。校外学習のために，電車代として1人260円ずつ集めます。集める電車代は全部で何円ですか。

（答え）＿＿＿＿＿＿＿＿＿＿＿＿

（4） マーカーペンとボールペンがあります。マーカーペンのねだんは160円です。ボールペンのねだんは，マーカーペンの5倍です。ボールペンのねだんは何円ですか。

（答え）＿＿＿＿＿＿＿＿＿＿＿＿

 おうちの方へ れんしゅうもんだいにもあるように，2桁，3桁のかけ算は，買い物など生活の場面でもよく使われる算数でしょう。同じ値段のものをいくつか買う際は，全部で何円になるか親子で計算しましょう。レシートをもらい，「合っているか確認しよう」と声をかけて練習してみてください。

2-3 わり算

わり算は，何人かに同じ数ずつ分けるときの1人分の数や，
1人に同じ数ずつ分けるときの分けられる人数をもとめる計算です。

20このあめを4人で同じ数ずつ分けます。

1人分の数をもとめる式を，わり算で表すと，

20 ÷ 4 = 5

全部の数 人数 1人分の数

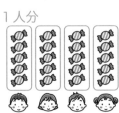

1人分のあめは，5こです。

12このあめを3こずつ分けます。

分けられる人数をもとめる式を，わり算で表すと，

12 ÷ 3 = 4

全部の数 1人分の数 人数

分けられる人数は4人です。

14このあめを3こずつ分けます。

分けられる人数をもとめる式を，わり算で表すと，

14 ÷ 3 = 4 あまり 2

分けられる人数は4人で，2こあまります。

48このあめを4人で分けます。

分けられる人数をもとめる式を，わり算で表すと，

48 ÷ 4 = 12

1人分のあめは12こです。

大切 20÷4＝5の式で20をわられる数，4をわる数という。

>
> **おうち
> の方へ**
> わり算はかけ算の逆の計算です。たとえば，1袋5個入りのあめが6袋あるとき，全部の数は
> 5×6のかけ算で30個と求められます。逆に，30個のあめを5個ずつ袋に入れるときに何袋で
> きるかは，30÷5のわり算で6袋と求められます。かけ算とわり算の関係を確認しましょう。

れいだい 1

　クッキーが18まいあります。3つのふくろに同じ数ずつ分けるとき，1つのふくろに入るクッキーは何まいになりますか。

$$18 \div 3 = 6$$

クッキーの数　　ふくろの数　　1ふくろの
　　　　　　　　　　　　　　　クッキーの数

（答え）　　6まい

れいだい 2

　色えんぴつが24本，えんぴつが6本あります。色えんぴつの本数は，えんぴつの本数の何倍ですか。

$$24 \div 6 = 4$$

色えんぴつ　　えんぴつの　　何倍
の数　　　　　数

（答え）　　4倍

れいだい 3

　34ページあるドリルを1日4ページずつときます。何日でとき終わりますか。

$$34 \div 4 = 8 \text{ あまり } 2$$

ページの数　　1日にとく　　4ページとく　　あまった
　　　　　　　ページの数　　日の数　　　　ページの数

4ページとく日は8日間です。2ページあまっているので，とき終わるためにはもう1日ひつようです。

$$8 + 1 = 9$$

（答え）　　9日

おうちの方へ　れいだい3のわり算の式は34÷4＝□となります。わり算はかけ算の逆なので，4×□の□が答えになりますが，4のかけ算で34が答えになるものはないので，わり切れないことがわかります。あまりを考えるために，4×□の答えが34を超えない数の九九を探して，□を求めます。

1 次の問題に答えましょう。

（1） 72人を8人ずつのグループに分けると，何グループできますか。

（答え）_____

（2） 35このいちごを5人で同じ数ずつ分けると，1人分は何こになりますか。

（答え）_____

2 次の問題に答えましょう。

（1） 21mの赤いリボンと，7mの白いリボンがあります。赤いリボンの長さは，白いリボンの長さの何倍ですか。

（答え）_____

（2） りほさんは9さい，お父さんは36さいです。お父さんの年れいは，りほさんの年れいの何倍ですか。

（答え）_____

おうち
の方へ
わり算を用いる場面には，1つ分の数を求める場合（等分除）と，いくつ分の数を求める場合（包含除）があります。P.48でいえば，20÷4が等分除，12÷3が包含除です。異なる場面について，どちらもわり算で求めるという視点から，同じものだと捉えることが大切です。

答えは112ページ ➡

③ 次の問題に答えましょう。

（1） 40このチョコレートを6人で同じ数ずつ分けます。1人分は何こで，何こあまりますか。

（答え）＿＿＿＿＿＿＿＿＿＿＿＿＿＿＿＿

（2） 43人の子どもが，1きゃくに5人まですわれる長いすにすわります。全員がすわるには，長いすは何きゃくあればよいですか。

（答え）＿＿＿＿＿＿＿＿＿＿＿＿＿＿＿

④ 次の問題に答えましょう。

（1） 96まいの色紙を3つのふくろに同じ数ずつ分けると，1ふくろに入る色紙は何まいになりますか。

（答え）＿＿＿＿＿＿＿＿＿＿＿＿＿＿＿

（2） 48cmのテープを4cmずつ切り分けていくと，4cmのテープは何本できますか。

（答え）＿＿＿＿＿＿＿＿＿＿＿＿＿＿＿

おうちの方へ　0÷7＝0ですが7÷0は計算できません。かけ算になおしてみるとわかります。0÷7＝□とすると，□×7＝0となり，□＝0です。一方，7÷0＝□とすると，□×0＝7とならなければなりませんが，□にどのような数字を入れても式が成立しません。0はわる数になりません。

たし算とひき算（２）

筆算では，たてにくらいをそろえて書き，一のくらいから，くらいごとに計算します。

275＋143の計算

	2	7	5
+	1	4	3
	4	1	8

一のくらいの計算
$5＋3＝8$
十のくらいの計算
$7＋4＝11$
百のくらいに1くり上げる
百のくらいの計算
$1＋2＋1＝4$

1236－459の計算

	1	2	3	6
−		4	5	9
		7	7	7

一のくらいの計算
十のくらいから1くり下げて，
$16－9＝7$
十のくらいの計算
百のくらいから1くり下げて，
$12－5＝7$
百のくらいの計算
千のくらいから1くり下げて，
$11－4＝7$

800＋700の計算

100のまとまりで考えると，$8＋7＝15$なので，100が15こで1500
$800＋700＝1500$

大切 たし算とひき算の筆算は，それぞれの数のくらいをたてにそろえて
書いて，くらいごとに計算する。

おうちの方へ これまでよりも桁数の多い計算です。桁数が増えるため，計算の回数が増えます。また，複数の桁で繰り上がりや繰り下がりが出てくるので，より慎重に筆算を書く必要があります。繰り上がりや繰り下がりのメモを書くときも，何の数なのかわかるように気を付けるよう促しましょう。

れいだい1

たくやさんは2475円のじてんと, 456円の小せつを1さつずつ買いました。代金は何円ですか。

$$2475 + 456 = 2931$$

じてんのねだん　小せつのねだん　　　代金

```
  1 1
  2 4 7 5
＋   4 5 6
  2 9 3 1
```

一のくらいの計算
5＋6＝11　十のくらいに1くり上げる
十のくらいの計算
1＋7＋5＝13　百のくらいに1くり上げる
百のくらいの計算　1＋4＋4＝9

「合わせた数」は,
たし算でもとめればよいね。

（答え）　2931円

れいだい2

えりさんの小学校の3年生は131人, 4年生は104人です。ちがいは何人ですか。

$$131 - 104 = 27$$

3年生の人数　　4年生の人数　　ちがいの人数

```
    2
  1 3̸ 1
－ 1 0 4
    2 7
```

一のくらいの計算
十のくらいから1くり下げて, 11－4＝7
十のくらいの計算
2－0＝2
百のくらいの計算
1－1＝0　この0は書きません

「ちがいの数」は,
ひき算でもとめよう。

（答え）　27人

1 　赤い色紙が315まい，青い色紙が183まいあります。次の問題に答えましょう。

（1）　色紙は全部で何まいありますか。

　　　　　　　　　　　　　　　　　　　　　　　　（答え）＿＿＿＿＿＿＿＿＿＿＿

（2）　赤い色紙と青い色紙ではどちらが何まい多いですか。

　　　　　　　　　　　　　　　（答え）＿＿＿＿＿＿＿＿＿＿＿＿＿＿＿＿＿

2 　水族館の水そうに魚が270ぴき入っています。新しく魚を35ひき入れました。魚は全部で何びきになりましたか。

　　　　　　　　　　　　　　　　　　　　　　　　（答え）＿＿＿＿＿＿＿＿＿＿＿

答えは113ページ

3 ひかりさんは，5000円さつを1まい持ってケーキ屋に買い物に行き，3240円のケーキと864円のクッキーを1つずつ買いました。次の問題に答えましょう。

（1） 代金は何円ですか。

（答え）_____

（2） 5000円さつを1まい出すと，おつりは何円ですか。

（答え）_____

4 ある日のえい画館の入館者数は，大人が1602人で，子どもは大人より86人少なかったそうです。子どもの入館者数は何人でしたか。

（答え）_____

おうちの方へ　③のような，お金に関する計算は，生活に算数が関わっていることを知る，よい機会でしょう。普段の買い物のときに，「これとこれを買ったらだいたい何円になる？1000円札でたりるかな？」などと声をかけてみましょう。これはP.53の見当を付けることの練習にもなります。

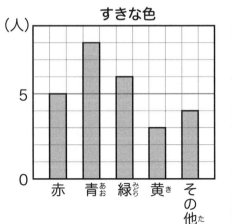

2-5 ぼうグラフと表

ぼうグラフ

ぼうグラフは，ぼうの長さで，ものの大きさを表したグラフです。

右のグラフで，横はすきな色のしゅるいを，たてはすきと答えた人の人数を表しています。たての1目もりは1人で，赤がすきな人は5人です。

大切 グラフにまとめると，こ数の多い・少ないがくらべやすくなる。

すきな色

(人)

くふうした表

同じことについて調べた2つの表は，1つの表にまとめることができます。

すきな外あそび（1組）

しゅるい	人数（人）
なわとび	7
ドッジボール	5
おにごっこ	11
かくれんぼ	4
その他	6
合計	33

すきな外あそび（2組）

しゅるい	人数（人）
なわとび	8
ドッジボール	6
おにごっこ	9
かくれんぼ	5
その他	4
合計	32

すきな外あそび

しゅるい ＼ 組	1組	2組	合計
なわとび	7	8	15
ドッジボール	5	6	11
おにごっこ	11	9	20
かくれんぼ	4	5	9
その他	6	4	10
合計	33	32	65

大切 表にまとめると，何が何こあるかがわかりやすくなる。

2つのことがらをならべて，合計などを表すと全体のようすがわかるね。

おうちの方へ 2年生では，グラフは〇で表現していましたが，3年生では，一般的にも使われる棒グラフを学びます。また，2つ以上の表を1つにまとめた表など，統計の学習をステップアップさせていきます。それぞれの目もりや項目が何を表しているのか，確認する習慣を付けましょう。

れいだい1

下の表を，右のグラフに表しましょう。

すきなくだもの

しゅるい	人数（人）
もも	16
りんご	10
みかん	12
バナナ	14
その他	12
合計	64

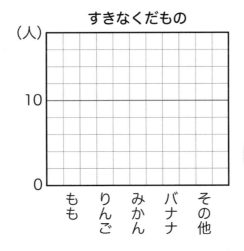

すきなくだもの

たては，
1目もりで
何人を表して
いるかな。

グラフの1目もりは2人を表しています。それぞれのくだものについて，すきと答えた人数の目もりまで色をぬります。

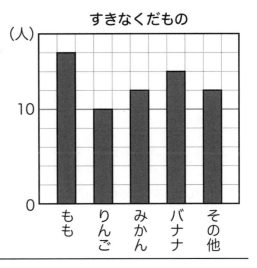

すきなくだもの

（答え）

おうち の方へ れいだい1は，1目もりが1以外の数を表すグラフをかく問題です。最初の問題としては難度がやや高いですが，グラフの1目盛りの大きさを確認する練習です。1目もりの大きさを1としてグラフをかいてしまった場合は，「ここに10の目もりがあるよ」と確認を促してください。

1　　のぞみさんは，クラスの34人にすきな色を1人1つ答えてもらい，右のぼうグラフにまとめています。次の問題に答えましょう。

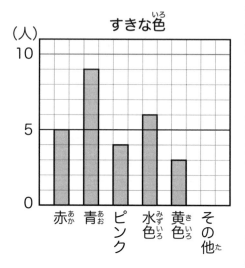

すきな色

（1）　水色がすきと答えた人は何人ですか。

　　　　　（答え）＿＿＿＿＿＿＿＿＿＿＿＿

（2）　青がすきと答えた人は，赤がすきと答えた人より何人多いですか。

　　　　　　　　　　　　　　　（答え）＿＿＿＿＿＿＿＿＿＿＿＿

（3）　その他は何人ですか。

　　　　　　　　　　　　　　　（答え）＿＿＿＿＿＿＿＿＿＿＿＿

 おうちの方へ　①（3）は，その他以外の数値をグラフから読み取り，全体の数からその他以外の数をひく，という段階を経て答えを導きます。間違えた場合は，手順を説明してもらい，どの段階のつまずきか確認しましょう。解法を説明することも学習する上で大切です。

答えは114ページ ➡

② ひろとさんの小学校の3年生は，毎週1人1さつ，図書室の本をかりることができます。右の表は，ある週のかりた本のしゅるいとかりた人数を組ごとに調べてまとめたものです。次の問題に答えましょう。

かりた本

しゅるい＼組	1組	2組	3組	合計
物語	10	12	あ	31
でん記		4	2	
絵本	9	7	12	
科学図かん	い	5	3	10
その他	7	4		16
合計	31		31	94

（1） 2組で，でん記をかりた人は何人ですか。

（答え）＿＿＿＿＿＿＿＿＿＿＿＿＿＿

（2） 表のあ，いにあてはまる数を答えましょう。

（答え）あ　　　　，い＿＿＿＿＿

（3） 絵本をかりた人は，1組，2組，3組を合わせて何人ですか。

（答え）＿＿＿＿＿＿＿＿＿＿＿＿＿＿

おうちの方へ　②では，表の横の行と縦の列が何を表していて，表の中の数字が何を表しているかを理解する必要があります。（1）は指で追えば間違えにくくなります。（2）はいちばん右の列の合計に着目することが大切です。それぞれの数値が何を表しているのかも聞いてみましょう。

円と球

円

円は，1つの点から同じ長さになるようにかいた丸い形です。

円の真ん中の点を，円の中心，中心から円のまわりまで引いた直線を，円の半径，円の中心を通って，まわりからまわりまで引いた直線を，円の直径といいます。

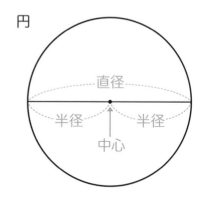

円

大切 1つの円では，半径は全部同じ長さ。

1つの円では，直径の長さは半径の2倍。

球

球はどこから見ても円に見える形です。

球は，どこで切っても切り口が円になります。

球を半分に切ったときの円の中心，半径，直径を，球の中心，半径，直径といいます。

球

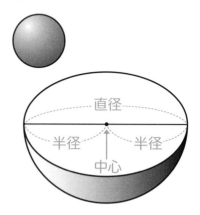

大切 切り口の円は，球を半分に切ったときにいちばん大きくなる。

おうちの方へ 円と球の性質は，今後の算数や数学の学習のためには不可欠な知識です。半径と直径は何本でも引くことができ，どの半径も全部同じ長さ，どの直径も全部同じ長さです。円の形の紙を用意して，直径で何度も折ってから開いてみましょう。半径，直径が何本もあることを実感できます。

れいだい1

右の図は，点イを中心とする
円です。直線イエの長さが4cm
のとき，円の半径と直径はそれ
ぞれ何cmですか。

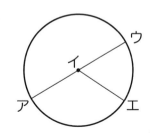

点イは円の中心なので，円の半径は
直線イエと同じ4cmです。直径は，
半径の2倍の長さなので，4×2＝8

1つの円の半径は，
みんな同じ長さだね。

（答え）　半径は4cm，直径は8cm

れいだい2

右の図のように，半径
5cmの球が2こぴったり
箱に入っています。この
箱の横の長さは何cmですか。

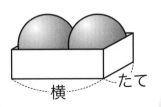

真上から見た形を
考えよう。箱のたては
球の直径と同じ長さだよ。

球の直径は，半径の2倍の長さなので，
5×2＝10です。箱の横の長さは，
球の直径2つ分の長さなので，10×2＝20

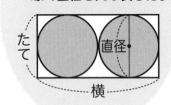

（答え）　20cm

おうち
の方へ

紙面上では，球の切り口が円になることや，球の中心の場所，中心を通った切り口の断面の円が
もっとも大きいことを実感することは難しいかもしれません。切れるボールもなかなかありませ
ん。粘土や紙，アルミホイルなどを丸めるのは1つの方法です。教え方も模索してみましょう。

1 右の図のように，点ウを中心とする直径12cmの大きい円の中に，点イ，エをそれぞれ中心とする同じ大きさの小さい円が２つ入っています。直線アオが３つの円の中心を通るとき，次の問題に答えましょう。

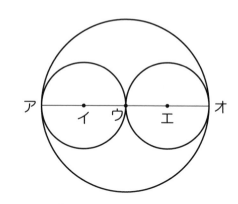

（１） 点ウを中心とする円の半径は何cmですか。

（答え）_____

（２） 点イを中心とする円の直径は何cmですか。

（答え）_____

（３） 点イを中心とする円の半径は何cmですか。

（答え）_____

おうちの方へ　①は，問題文中で与えられた数値がどこの長さか，求める長さはどの部分か，図を使いながら確認してください。わかっている長さを図に書き込んで，１つ１つ整理しながら解き進めることが重要です。図が与えられないときには自分でかけるよう，今のうちから練習しておきましょう。

答えは 116 ページ

2　右の図のように，半径４cmの円が３つ
ぴったりくっついています。点ア，イ，ウ
は，それぞれの円の中心です。直線アイ
の長さは何cmですか。

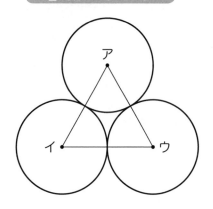

（答え）_____

3　右の図のように，同じ大きさの
ボールが５こ，箱にぴったり入っ
ています。次の問題に答えましょ
う。

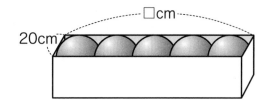

（1）　ボールの直径は何cmですか。

（答え）_____

（2）　箱の横の長さは何cmですか。

（答え）_____

　本書の問題にはありませんが，この単元ではコンパスを使えるようになることも，目標の１つです。コンパスでいろいろな大きさの円をかいたり，同じ大きさの円を組み合わせて模様をかいたりすることも，円の学習として大切です。学習を遊びに，遊びを学習につなげてみてください。

数遊び

下の図の□に，1から6までの数を1つずつ入れます。
横にならぶ数は右のほうが大きく，たてにならぶ数は
下のほうが大きくなるようにします。

1	2	4	
	3	5	6

上の図ははじめに3が入る場所が決められているときの
のこりの数の入れ方を表しています。

左のページと同じルールで，下の図の□に，1から8までの数を
1つずつ入れます。次の問題に答えましょう。

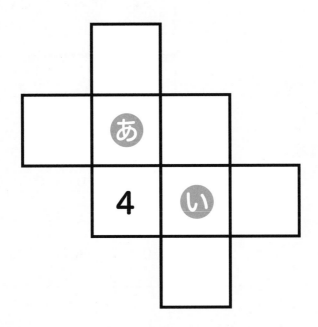

問題1 ▶ あ に入る数を答えましょう。

問題2 ▶ い に入る数を答えましょう。

答えは132ページ

10000より大きい数

10000が4こで40000,
1000が2こで2000,
100が7こで700,
10が1こで10,
1が5こで5,
合わせて42715です。

一万のくらい （いちまん）	千のくらい （せん）	百のくらい （ひゃく）	十のくらい （じゅう）	一のくらい （いち）
4	2	7	1	5

一万の10倍が十万,
十万の10倍が百万,
百万の10倍が千万なので,
千万は一万の1000倍です。
千万の10倍を一億といいます。

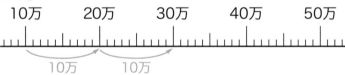

10万より20万大きい
数は30万です。

7000万より3000万
大きい数は1億です。

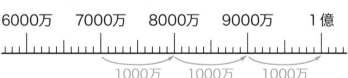

数の大小は, 不等号（<, >）や等号（＝）の記号を使って表します。

大＞小　左のほうが大きい　　小＜大　右のほうが大きい　　同＝同　左と右の大きさが同じ

大切　一万の10倍が十万, 十万の10倍が百万, 百万の10倍が千万,
千万の10倍が一億。

おうちの方へ　3年生で学習する"10000より大きい数"は, 1万より大きい数から1億までの数で, 1億の位は4年生の学習内容です。1億は, 千万の位まででいちばん大きい数である99999999より1大きい数であることや, 千万を10個集めた数であることを理解しておきましょう。

れいだい１

100万を７こ，10万を４こ，１万を２こ
合わせた数を数字(すうじ)だけで書(か)きましょう。

100万を７こで7000000，

10万を４こで400000，

１万を２こで20000，合わせて

7420000です。

百万のくらい	十万のくらい	一万のくらい	千のくらい	百のくらい	十のくらい	一のくらい

千のくらい，百のくらい，
十のくらい，一のくらいは
０こなので，０をわすれずに
書こう。

（答え）　7420000

れいだい２

次(つぎ)の２つの数をくらべて，□にあてはまる
不等号（<，>）を答(こた)えましょう。

3904253　□　3795146

百万のくらいの数は，どちらも３で同じです。

１つ下(した)の十万のくらいの数は，９と７で，

９のほうが大きいので3904253のほうが大きい数です。

3904253>3795146です。

上(うえ)のくらいからじゅんに
くらべるよ。

（答え）　　>

**おうち
の方へ** 一万や十万といった大きい数は，町の人口や面積などで目にすることができます。今までの数の扱い方と同じように，一万が何個あるか，十万が何個あるかで数を表せること，一万が10個集まる，つまり一万が10倍になったら十万になることを印象付けてください。

1 次の問題に答えましょう。

（1） 千万を8こ，十万を5こ，一万を9こ，千を1こ合わせた数を，数字だけで書きましょう。

（答え）＿＿＿＿＿＿＿＿＿＿＿＿

（2） 34176502の，十万のくらいの数字は何ですか。

（答え）＿＿＿＿＿＿＿＿＿＿＿＿

（3） 460000は，10000を何こ集めた数ですか。

（答え）＿＿＿＿＿＿＿＿＿＿＿＿

（4） 25000000は，10000を何こ集めた数ですか。

（答え）＿＿＿＿＿＿＿＿＿＿＿＿

 ① （1）では，百万，百，十，一の位の数については何も示されていないので，それらの位には0を書く必要があります。気付けなかった場合は，P.67にある表に千万の位をつけたものをかき，数字を当てはめてみましょう。「ここに数字がないってことは0だね」と確認してください。

2 下の数直線で，あ，いの目もりが表す数はいくつですか。

9000万   1億

(答え)あ＿＿＿＿＿＿＿＿＿， い＿＿＿＿＿＿＿＿

3 次の□にあてはまる不等号（＜，＞），または等号（＝）を答えましょう。

（1） 478902　□　3521761

(答え)＿＿＿＿＿＿＿＿＿＿＿＿

（2） 700000　□　200000＋500000

(答え)＿＿＿＿＿＿＿＿＿＿＿＿

おうち
の方へ
③（1）は，先頭の数字から比べ始めると，間違えてしまいます。比べる前に，必ずいちばん左の数字が何の位の数字か確認するように促してください。ランダムに数字を並べて問題を作り，練習してみましょう。問題を出し合うことも，よい勉強になります。

2-8 長さと重さ

長さのたんい

長さは，1km（キロメートル）や，1m（メートル），1cm（センチメートル），
1mm（ミリメートル）の何こ分かで表せます。

大切 1km=1000m，1m=100cm，1cm=10mm。

重さのたんい

重さは，g（グラム）や，kg（キログラム），t（トン）の
何こ分かで表せます。
右のはかりの大きい1目もりは，100gです。
1kgと100gが2つ分なので，メロンの重さは，
1kg200gです。

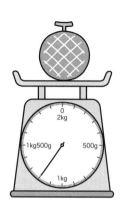

大切 1kg=1000g，1t=1000kg。

長さと重さの計算

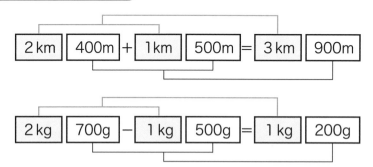

| 2km | 400m | + | 1km | 500m | = | 3km | 900m |

| 2kg | 700g | − | 1kg | 500g | = | 1kg | 200g |

大切 長さや重さのたし算やひき算をするときは，同じたんいどうしを計算する。

おうち
の方へ

3年生では"km"，"kg"，"g"，"t"を学習します。これらの単位は，日常的に目にするのでは
ないでしょうか。見つけたときには「目的地まで，あと5kmだって」などと声をかけ，単位が
生活に密着していることを印象付けてください。学習内容に興味を持ってもらいましょう。

れいだい1

右の地図で，学校から
図書館までのきょりと
道のりは，それぞれ何m
ですか。

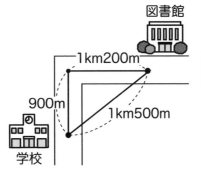

図書館

1km200m

900m

1km500m

学校

道にそってはかった
長さを道のり，
まっすぐにはかった
長さをきょりというよ。

きょりは，1km500mです。

道のりは，同じたんいの900mと200mをたします。

900m＋1km200m＝1km1100m

1000m＝1kmなので，1km1100m＝2km100mです。

（答え）きょり1km500m，道のり2km100m

れいだい2

先月の子ねこの体重は，1kg300gでした。

今月は，先月より200gふえていました。

今月の子ねこの体重は何kg何gですか。

同じたんいの300gと200gをたし算します。

1kg300g＋200g＝1kg500g

重さの計算も，
同じたんいどうしを
計算すればよいね。

（答え）　1kg500g

おうち
の方へ

れいだい1の道のりの計算では，単位を繰り上げる必要があります。同じ単位同士を計算すると，1
km900m＋200mは1km1100mとなります。1000mは1kmなので，1km1100mは2km100mとなりま
す。mやcmと同様に処理できれば問題ありません。難しいようなら，cmなども併せて復習しましょう。

1 次の□□にあてはまる数を答えましょう。

（1） 6m45cm＝□□cm

（答え）_____

（2） 3km500m＝□□m

（答え）_____

2 右の図を見て，次の問題に答えましょう。

（1） りかさんの家から公園の前を通って図書館まで行くときの道のりは，何km何mですか。

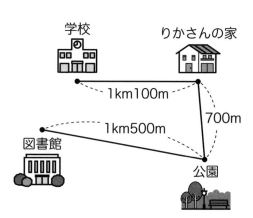

学校　　りかさんの家

1km100m

700m

1km500m

図書館

公園

（答え）_____

（2） りかさんの家から学校までの道のりは，りかさんの家から公園までの道のりより何m長いですか。

（答え）_____

おうち
の方へ
長さや重さの学習では，数量の感覚を磨くことが大切です。可能であれば，学校から家までの道のりを測って，いつも歩いている長さはどの程度なのか知ることもよい経験になりますし，身近な物を使って重さ当てゲームをしてもよいでしょう。

答えは118ページ

③　1kgまではかれるはかりを使って，りんごの重さをはかったところ，右の図のようになりました。りんごの重さは何gですか。

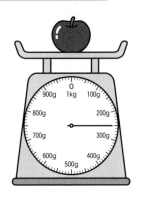

（答え）＿＿＿＿＿＿＿＿＿＿＿＿＿＿

④　次の問題に答えましょう。

（1）　けんたさんの体重は28kg，妹の体重は15kgです。2人の体重のちがいは何kgですか。

（答え）＿＿＿＿＿＿＿＿＿＿＿＿＿＿

（2）　300gの箱に，本が入っています。箱全体の重さをはかると，1kg200gでした。本の重さは何gですか。

（答え）＿＿＿＿＿＿＿＿＿＿＿＿＿＿

（3）　1本の重さが800gのジュースのびんがあります。このびんが3本入った箱全体の重さをはかると2kg500gでした。箱だけの重さは何gですか。

（答え）＿＿＿＿＿＿＿＿＿＿＿＿＿＿

③のように，はかりの目もりを読むことも学習内容の1つです。目もりを読む作業は，長さを測るときと同じで，1目もりが何gか，あるいは何kgかに気を付けるように促してください。また，はかりの針が1周を超える物を量るときはどうすればよいか，話し合ってみましょう。

単位のしくみ

長さのもとになる単位はm，重さのもとになる単位はg，かさのもとになるたんいはLです。

大きさ を表す 言葉	ミリ m	センチ c	デシ d		デカ da	ヘクト h	キロ k	
意味	$\frac{1}{1000}$	$\frac{1}{100}$	$\frac{1}{10}$	1	10倍	100倍	1000倍	
長さ	1 mm	1 cm		1 m			1 km	
		10倍	100倍		1000倍			
重さ	1 mg		1 g			1 kg		1 t
		1000倍		1000倍		1000倍		
かさ	1 mL		1 dL	1 L		1 kL		
		100倍	10倍		1000倍			

大切 **長さ，重さ，かさの単位は，もとになる単位と，大きさを表す言葉を組み合わせてつくられている。**

> **おうち
の方へ** この節は，いままでに学習した単位に共通するしくみをまとめたものです。意味の欄の分数は難しいかもしれません。たとえば，千分の一は，1を1000等分したうちの1こ分のことで，1mmは，千分の一mです。他のものも，同じように説明することができます。

れいだい1

□□□にあてはまる数を答えましょう。

（1） 1 kmは1 mの □□□ です。

（2） 1 mgは1 gの □□□ です。

（3） 1 Lは1 mLの □□□ です。

（1） k（キロ）は1000倍を表しているので，1 kmは1 mの1000倍です。

（2） m（ミリ）は $\dfrac{1}{1000}$ を表しているので，1 mgは1 gの $\dfrac{1}{1000}$ です。

（3） m（ミリ）は $\dfrac{1}{1000}$ を表しています。$\dfrac{1}{1000}$ は1を1000等分した

1こ分なので，1 mLが1000こ集まると，1 Lになります。

1 Lは1 mLの1000倍です。

(答え)　（1）1000倍　（2）$\dfrac{1}{1000}$　（3）1000倍

れいだい2

次の問題に答えましょう。

（1） 190000cmは何mですか。

（2） 45Lは何dLですか。

（1） 100cm＝1 mなので，190000cmは1900mです。

（2） 1 L＝10dLなので，45Lは450dLです。

(答え)　（1）1900m　（2）450dL

れんしゅうもんだい ・・単位のしくみ・・

1 □にあてはまる数を答えましょう。

（1） 1mは1cmの□です。

（答え）＿＿＿＿

（2） 1tは1kgの□です。

（答え）＿＿＿＿

（3） 1Lは1dLの□です。

（答え）＿＿＿＿

2 □にあてはまる数を答えましょう。

（1） km，kgのk（キロ）は，もとになる単位の□倍を表しています。

（答え）＿＿＿＿

（2） cmのc（センチ）は，もとになるたんいの□倍を表しています。

（答え）＿＿＿＿

おうちの方へ　大人でも，k（キロ）やm（ミリ）の意味を忘れていることがあるかもしれません。それぞれの意味をしっかり理解していれば，れいだい2も“cmは百分の一倍だから，190000を百分の一にして1900，これに単位のmを付ければよい”とわかります。この方法は6年生の内容になります。

答えは 120 ページ

③ ☐にあてはまる数を答えましょう。

（1） 42kmは，☐cmです。

（答え）_____

（2） 280000gは，☐kgです。

（答え）_____

（3） 16Lは，☐mLです。

（答え）_____

④ 次のあ，い，うにあてはまる数を答えましょう。

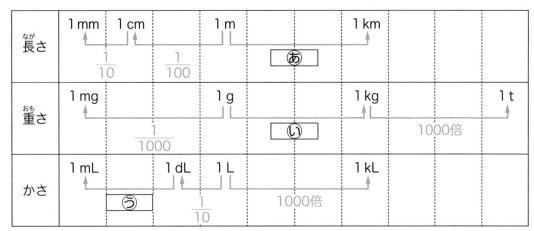

（答え）あ　　　　　　い　　　　　　う

おうち
の方へ　④ができたら，他の青字の部分も空欄にして問題を出してみてください。表の青い矢印の方向を変えた問題も練習してみましょう。表を暗記するのではなく，意味を理解することが大切です。表を見ずに「1gは1mgの何倍？」などと口頭だけで問題を出してもよいでしょう。

2-10 小数

小数の表し方

1Lを10等分した1つ分のかさを，0.1Lと表します。

0.1，0.2，2.4のような数を小数といい，「.」を小数点と

いいます。

小数の大きさは，右の図の
ようになっています。

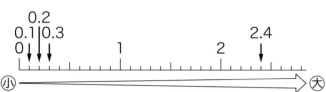

> **大切** 小数は，1よりも小さい大きさを，小数点を使って，0.1，0.2，2.4の
> ように表した数。0，1，2のような数は整数という。

小数の計算

0.5+0.2=0.7

0.5は0.1が5こ，

0.2は0.1が2こだから，

0.1が（5＋2）こで，

  0.5+0.2=0.7

3.8−1.4=2.4

筆算をします。

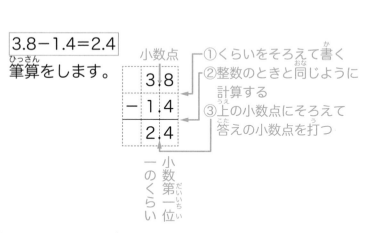

①くらいをそろえて書く
②整数のときと同じように
　計算する
③上の小数点にそろえて
　答えの小数点を打つ

> **大切** 小数の計算は0.1が何こになるかを考える。

 小数は1を10等分した1つ分を0.1と表すルールです。0から1の間に0.1や0.2があり，2と3の間に2.4があります。まずは，上の数直線の目もりを指しながら「ここの目もりはいくつ？」などと聞いて，小数に慣れることから始めてみましょう。

れいだい１

下の数直線で，あ，いの目もりが表す数を
答えましょう。

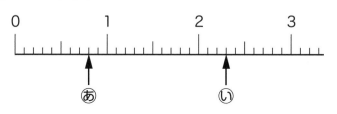

小さい１目もりは，
１を10等分しているね。

小さい１目もりは0.1です。
あは，0.1が８こで，0.8です。
いは，0.1が23こで，2.3です。

(答え)あ　0.8，　い　2.3

れいだい２

オレンジジュースが1.5L，りんごジュースが
0.9Lあります。オレンジジュースはりんご
ジュースより何L多いですか。

筆算でもとめます。
1.5−0.9＝0.6

$$\begin{array}{r} 0 \\ \cancel{1}.5 \\ -\ 0.9 \\ \hline 0.6 \end{array}$$

0.1が何こになるか
考えよう。

(答え)　　0.6L

おうち
の方へ

小数の計算では，はじめは数直線を見ながら考えても構いません。れいだい２は，２つの数の差
を求めるのでひき算です。ひき算の場合，数直線を左に進みます。れいだい１の数直線を使って，
1.5から0.9だけ左に進むと0.6になります。小数のしくみを定着させて，筆算へ移りましょう。

1 次の □ にあてはまる数を答えましょう。

（1） 3.9は，1を □ ことと0.1を □ こ合わせた数です。

（答え）＿＿＿＿＿＿＿＿＿＿＿＿＿＿＿

（2） 0.1を52こ集めた数は， □ です。

（答え）＿＿＿＿＿＿＿＿＿＿＿＿＿＿＿

2 次の問題に答えましょう。

（1） 次の2つの数の大小を，不等号（＜，＞）を使って表しましょう。

　　　0.9，0.5

（答え）＿＿＿＿＿＿＿＿＿＿＿＿＿＿＿

（2） 次の3つの数を，小さいほうからじゅんにならべましょう。

　　　0.7，1.3，0.4

（答え）＿＿＿＿＿＿＿＿＿＿＿＿＿＿＿

答えは 122 ページ

3 次の問題に答えましょう。

（1） ペットボトルに1.4L，ポットに2.2Lの水が入っています。ポットに入っている水は，ペットボトルに入っている水より何L多いですか。

（答え）＿＿＿＿＿＿＿＿＿＿＿＿

（2） 9.8mのテープと4.2mのテープがあります。テープの長さは合わせて何mですか。

（答え）＿＿＿＿＿＿＿＿＿＿＿＿

（3） 赤いリボンの長さは6.4cmで，青いリボンの長さは赤いリボンの長さより1.8cm短いです。青いリボンの長さは何cmですか。

（答え）＿＿＿＿＿＿＿＿＿＿＿＿

おうち
の方へ
小数の筆算も位をそろえて書き，位ごとに計算します。"0.1がいくつ分"と考えるところから，整数の計算と同じように，③（2）では"0.8+0.2で位が1つ上がるから1になる"，③（3）では"1を借りてきて1.4−0.8を求めればよい"などと考えられるようになることをめざします。

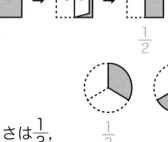

$\frac{1}{2}$

$\frac{1}{3}$　$\frac{2}{3}$

分数の表し方

もとの大きさを2つの同じ大きさに分けた

大きさは，もとの大きさの$\frac{1}{2}$です。

このとき，2が分母，1が分子です。

分子は，等分した大きさの何こ分かを表し，

分母は，何等分したかを表します。

ある大きさを3等分したとき，その1こ分の大きさは$\frac{1}{3}$,

2こ分の大きさは$\frac{2}{3}$です。3こ分の大きさは1です。

分数の大きさは，右の図のようになっています。

$\frac{4}{5}$は$\frac{3}{5}$よりも$\frac{1}{5}$大きいです。

$$0 \quad \frac{1}{5} \quad \frac{2}{5} \quad \frac{3}{5} \quad \frac{4}{5} \quad 1$$

小 ───────────→ 大

大切 分数は，もとの大きさを同じようにいくつかに分けた1つ分の大きさを表した数。分母と分子が同じ数になるときは，1。

分数の計算

分数のたし算とひき算は，分子どうしをたし算，ひき算して計算します。

$\boxed{\dfrac{1}{6}+\dfrac{3}{6}\text{の計算}}$

$\frac{1}{6}$は$\frac{1}{6}$が1こ分，$\frac{3}{6}$は$\frac{1}{6}$が3こ分だから，$\frac{1}{6}$が$(1+3)$で，$\frac{1}{6}+\frac{3}{6}=\frac{4}{6}$

大切 分数の計算は，分子どうしを計算する。

おうち
の方へ
分数にはいくつも意味があります。$\frac{3}{4}$を例とします。①具体的な物，ケーキなどを4等分したものの3つ分の大きさを表す（分割分数），②$\frac{3}{4}$mなど，長さなどを測ったときの大きさを表す（量分数），③1を4等分したものの$\frac{1}{4}$の3つ分の大きさを表す（単位分数）などです。P.83に続く

れいだい１

次の □ にあてはまる数を答えましょう。

$\frac{5}{7}$ mは，１mを □ 等分した □ つ分の長さ

です。

分母は何等分したかを表し，

分子は等分したいくつ分かを表しています。

分母が７，
分子が５だから…

(答え)(左からじゅんに) 7，5

れいだい２

なつみさんはお茶を $\frac{3}{8}$ L，弟はお茶を $\frac{2}{8}$ L飲みました。
２人の飲んだお茶のかさのちがいは何Lですか。

$\frac{3}{8}$ は $\frac{1}{8}$ が３こ分，$\frac{2}{8}$ は $\frac{1}{8}$ が２こ分なので，

$\frac{1}{8}$ が（３－２）で，$\frac{3}{8} - \frac{2}{8} = \frac{1}{8}$

分数のひき算は，
分母はそのままで
分子をひけばよいよ。

(答え) $\frac{1}{8}$ L

おうち
の方へ
④ "AはBの $\frac{3}{4}$ の大きさ" のようにBの大きさを１と決めたときのAの大きさの割合を表す（割合分数），⑤ "３÷４" の答えを表す（商分数）などです。④と⑤は５年生の内容です。れいだい１は①の意味で考える問題ですが，長さの単位が付いているので②の意味も含みます。

1 次の □ にあてはまる数を答えましょう。

（1） 下の数直線で，あの目もりが表す分数は □ です。

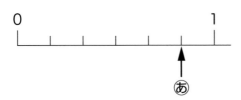

0　　　　　　　　　　1

↑
あ

（答え）＿＿＿＿＿＿＿＿＿＿＿＿

（2） $\frac{1}{5}$を □ こ集めた数は1です。

（答え）＿＿＿＿＿＿＿＿＿＿＿＿

2 次の □ にあてはまる不等号（＜，＞），または等号（＝）を答えましょう。

（1） $\frac{5}{9}$ □ $\frac{4}{9}$

（答え）＿＿＿＿＿＿＿＿＿＿＿＿

（2） $\frac{8}{8}$ □ 1

（答え）＿＿＿＿＿＿＿＿＿＿＿＿

おうちの方へ 分数もまた，慣れるまでは数直線を使っても構いません。気を付けなくてはいけないのは，分母によって数直線を自分でかかなくてはならないということです。②（1）であれば分母が9なので，0から1を9つに分けた数直線で考えます。メモなので正確に等分する必要はありません。

答えは123ページ ⟶

3 次の問題に答えましょう。

（1）　いもほりで，ともこさんは$\frac{4}{9}$kg，妹は$\frac{3}{9}$kgのさつまいもをとりました。さつまいもは合わせて何kgとれましたか。

（答え）＿＿＿＿＿＿＿＿＿＿

（2）　青いリボンの長さは$\frac{3}{10}$m，白いリボンの長さは$\frac{7}{10}$mです。白いリボンは，青いリボンより何m長いですか。

（答え）＿＿＿＿＿＿＿＿＿＿

（3）　ペンキが1Lあります。そのうち，$\frac{1}{4}$Lを使いました。ペンキは何Lのこっていますか。

（答え）＿＿＿＿＿＿＿＿＿＿

おうち
の方へ
本書では文章題のみを載せていますが，分数の計算もたくさん練習が大切です。学習内容に沿った問題を親子で作ってみましょう。3年生の分数の計算は，分母が同じで，1より大きい数が出てこない，たし算とひき算です。約分は習っていませんが，約分できる分数でも構いません。

下の場面を式に表します。

> あいこさんは，あめをいくつか持っていました。お母さんに
> 7こあめをもらったので，あめは全部で12こになりました。

あいこさんがはじめに持っていたあめについて，ことばの式をつくると，

> | はじめに持っていた数 | ＋ | もらった数 | ＝ | 全部の数 |

ことばの式にわかっている数をあてはめると，

> | はじめに持っていた数 | ＋ 　　7　　 ＝ 　　12
> 　　　わからない数

はじめに持っていた数を□ことすると，

　　□ ＋ 7 ＝ 12

となります。

はじめに持っていた数は，全部の数から
もらった数をひけばよいので，

　　□ ＝ 12 － 7

　　□ ＝ 5

はじめに
持っていた数　もらった数

□こ　　　　　7こ

12こ
全部の数

あいこさんがはじめに持っていたあめは5こです。

大切 わからない数があっても，□を使うと，式を表すことができる。

おうち
の方へ　　問題文中の，わからない数量を□などの記号を使って式をつくり，□にあてはまる数を求めること
ができるようになることをめざします。問題の場面を読み取る力，場面に沿って式をつくる力
が必要になります。式をつくることが苦手な場合は，復習しながら進めていきましょう。

だいちさんは，色紙を何まいか持っています。そのうち，５まい使ったので，のこりは27まいになりました。はじめに持っていた色紙を□まいとして，ひき算の式をつくりましょう。

また，はじめに持っていた色紙のまい数をもとめましょう。

わからないのは，はじめに持っていた色紙の数だから，これを□で表そう。

はじめに持っていた数 － 使った数 ＝ のこりの数　なので，

はじめに持っていた数に□，使った数に５，のこりの数に27をあてはめて，

　　□－５＝27

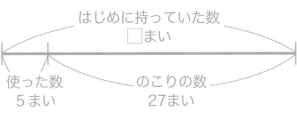

　はじめに持っていた数
　　　□まい

使った数　　　のこりの数
５まい　　　　27まい

□にあてはまる数は，使った数とのこりの数をたせばよいので，

　　□＝27＋５

　　□＝32

（答え）　□－５＝27，32まい

おうちの方へ　れいだい１の立式では，「５枚は何の枚数？27枚は何の枚数？」と，それぞれの数量について確認しましょう。P.86にあるように，数を使った式をつくる前に言葉を使った式をつくり，その後に，言葉に数を当てはめていけばよいでしょう。

1 下の㋐, ㋑, ㋒のうち, 場面を表す式が, 20−□＝4 になるものはどれですか。

㋐ チョコレートが全部で20こあります。チョコレートは, □箱に4こずつ入っています。

㋑ 全部で20こあるいちごを, □人で同じ数ずつ分けると, 1人分は4こになりました。

㋒ 公園で子どもが20人遊んでいます。□人帰ったので, 公園にいる子どもは4人になりました。

(答え)

2 ある数に18をたしたら, 答えが50になりました。ある数を□として, たし算の式をつくりましょう。

(答え)

答えは124ページ ⟶

③　子どもが56人います。長_{なが}いすに同じ人数_{にんずう}ずつすわっていくと，長いすは8つひつようでした。1つの長いすにすわる子どもの人数を□人として，式をつくり，1つの長いすにすわる子どもの人数をもとめましょう。

（答え）＿＿＿＿＿＿＿＿＿＿＿＿

④　さつきさんはシールを40まい持_もっています。そのうち何_{なん}まいか妹_{いもうと}にあげたので，のこりは27まいになりました。妹にあげたシールの数を□まいとして，式をつくり，妹にあげたシールのまい数をもとめましょう。

（答え）＿＿＿＿＿＿＿＿＿＿＿＿

おうち
の方へ　④まで解けるようになったら，今度は式から物語をつくってみましょう。たとえば，「□－5＝9でお話をつくろう」と誘ってください。「何人か公園にいました。5人帰ったので9人になりました」などが考えられます。いろいろな式で創作すれば，想像力も育つのではないでしょうか。

89

二等辺三角形と正三角形 ∎∎∎∎∎∎∎∎∎∎∎

１つのちょう点から出ている２つの辺が
つくる形を角といいます。

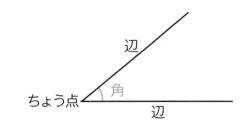

辺

ちょう点　角
辺

右の図のあやいのような，２つの辺の長
さが等しい三角形を二等辺三角形といい
ます。

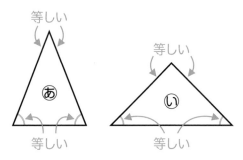

等しい

あ

等しい

等しい

い

等しい

右の図のうのような，３つの辺の長さが
全部等しい三角形を正三角形といいます。

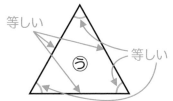

等しい

う

等しい

大切 二等辺三角形は，２つの角の大きさが等しい。

正三角形は，３つの角の大きさが全部等しい。

おうち
の方へ　　２年生で学んだ"かど"について，２つの辺がつくる形である"角"を学びます。本書では扱っていませんが，直角の角がある二等辺三角形のことを，直角二等辺三角形といいます。正方形の折り紙などを対角線で切ると直角二等辺三角形ができるので，一緒に作って確認してみましょう。

れいだい1

下の図のあからおまでの中で，二等辺三角形は
どれですか。全部えらびましょう。

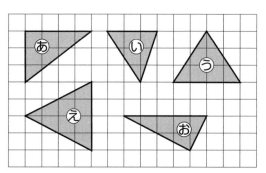

2つの辺の長さが等しい
三角形をえらべばよいね。

うとえは，2つの辺の長さが等しいので，二等辺三角形です。

(答え)　　う，え

れいだい2

右の図は正三角形です。
あの長さは何cmですか。

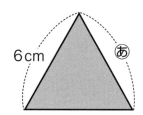

6cm　　あ

正三角形は，3つの辺の
長さが等しいよ。

正三角形の3つの辺の長さは，全部等しいです。

(答え)　　6cm

**おうち
の方へ**　れいだい1のえは，二等辺三角形が横向きになっています。向きが違っても，2つの辺の長さが
等しければ二等辺三角形であることを確認しましょう。「他にあるよ」や，「向きを変えてみよう
か」などと助言しても構いません。いろいろな見方ができるようにしましょう。

① 下の図のように，正方形の紙を２つにおり，直線アイのところで切ります。切り取った紙を広げてできる三角形について，次の問題に答えましょう。

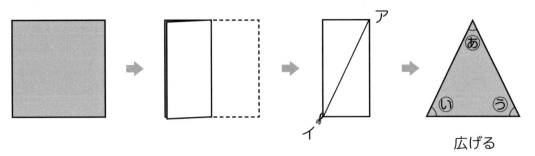

広げる

（１） できた三角形の名前を答えましょう。

（答え）＿＿＿＿＿＿＿＿＿＿＿＿＿＿

（２） ○いと大きさが等しい角は，○あと○うのどちらですか。

（答え）＿＿＿＿＿＿＿＿＿＿＿＿＿＿

② まわりの長さが24cmの正三角形があります。この正三角形の１辺の長さは何cmですか。

（答え）＿＿＿＿＿＿＿＿＿＿＿＿＿＿

 おうちの方へ ①では，実際に正方形の紙を使って試してみましょう。操作的な活動をすることによって，図形の性質を印象付けることができます。二等辺三角形だけでなく，直角三角形も正三角形も正方形の紙から切り出すことができます。ぜひ，挑戦してみてください。

答えは 126 ページ ➡

3 　1辺の長さが2cmの正三角形を，右の図のようにしきつめて，三角形アイウをつくりました。次の問題に答えましょう。

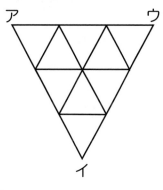

（1）　辺アイの長さは何cmですか。

（答え）_____

（2）　三角形アイウのまわりの長さは何cmですか。

（答え）_____

4 　右の図のように，1cmの間かくで点がならんでいます。点アと点イをちょう点とする二等辺三角形を，ものさしを使ってかきます。あと1つ点をえらんで，二等辺三角形を1つかきましょう。

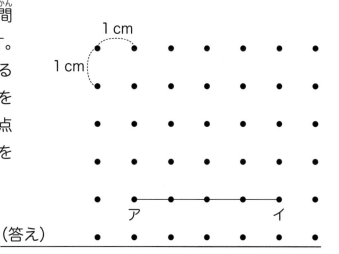

（答え）

④は答えが7通りあります。まず，辺アイを底辺として，高さが違う三角形が4つできます。また，辺アイを，長さの等しい2つの辺の1辺として，直角二等辺三角形が2つできます。どれでも正解ですが，1つ見つけられたら，ぜひ「他にもあるよ」と声をかけてみましょう。

おうちの方へ

算数パーク

ふしぎな箱

いろいろな形を中に入れると，①，②のようになります。
箱につづけて入れたときは，③のようになります。

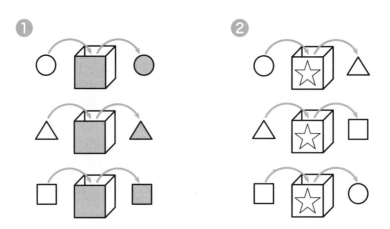

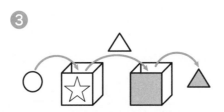

下のように形を箱に入れたとき，さいごに出てくる形はどれですか。
あからかまでの中から，1つずつえらびましょう。

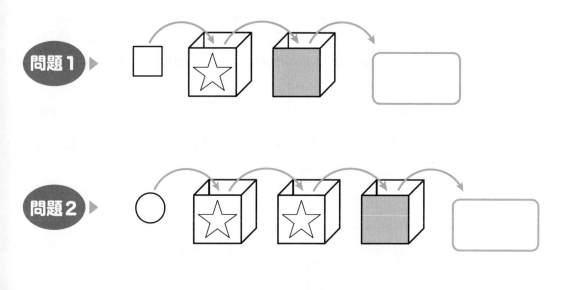

問題1 ▶

問題2 ▶

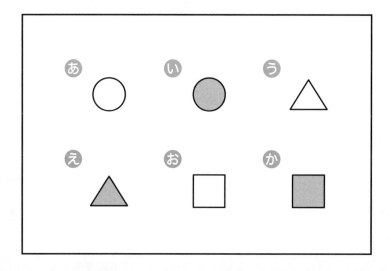

答えは133ページ

1 はるかさんとまさみさんの2人が，下のルールでゲームをします。

---

① トランプのカードを5まいずつ配り，相手に見えないように持つ。

② 2人が同時に1まいずつカードを出す。1回出したカードはもう出せないものとする。

③ 出したカードの数をくらべて，大きい数を出した人が勝ちで，数のちがいの分だけ，勝った人に点が入る。負けた人に点は入らない。

④ ②と③を，あと4回くり返す。

2人が出したカードは下のようになりました。

	1回め	2回め	3回め	4回め	5回め
はるかさん	2 ♥	10 ♠	3 ♦	8 ♦	4 ♥
まさみさん	6 ♠	7 ♥	5 ♣	9 ♣	2 ♠

次の問題に答えましょう。

（1） 5回のうち，はるかさんは何回勝ちましたか。

(答え) _____

（2） 1回めから5回めまでの点数の合計が高かったのは，はるかさんとまさみさんのどちらですか。

(答え) _____

2 下の3つの式の あ から お までに，1から5までの数を1つずつ入れます。同じひらがなには同じ数が入り，ちがうひらがなにはちがう数が入ります。あ と う にあてはまる数を答えましょう。

あ ÷ い ＝ あ   う ＋ え ＝ あ   お － う ＝ い

（答え） あ   う

3 下のように，1，2，3の3この数を，あるきまりにしたがって左からじゅん番にならべます。

1，2，3，2，1，2，3，2，1，2，3，2，…

次の問題に答えましょう。

（1） 左から20番めまでに，2は何こありますか。

（答え）

（2） 左から25番めまでの数を全部たした答えをもとめましょう。

（答え）

解答・解説

100より大きい数

P14，15

かいとう

① (1) 81　(2) 9900
　(3) 3，0
② 4703円
③ (1) 1
　(2) ⓐ 9964　ⓘ 10000
④ 4321

かいせつ

(1)　8100は，8000と100を
　　合わせた数です。8000は100
　　を80こ集めた数，100は100
　　を1こ集めた数なので，8100
　　は100を81こ集めた数です。

（答え）　　　81

(2)　9700は，1000が9こと
　　100が7こです。
　　200は，100が2こです。
　　合わせると，1000が9こと
　　100が9この数なので，
　　9900になります。

（答え）　　9900

(3)　下の表で考えます。

千のくらい	百のくらい	十のくらい	一のくらい
3	2	0	9

（答え）　　　3，0

②

　1000円さつが4まいで4000円
500円玉が1まいで500円，
100円玉が2まいで200円，
1円玉が3まいで3円なので，
全部で4703円です。

（答え）　　4703円

③

(1)　いちばん小さい目もりは，3
　　を30こに分けているので，1
　　表しています。

（答え）　　　　1

(2)　ⓐ

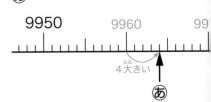

4大きい

9960から4目もり右の目もりなので，9960より4大きい数の9964です。

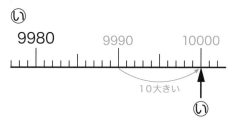

9980　9990　10000

10大きい

ⓘ

9990から10目もり右の目もりなので，9990より10大きい数の10000です。

（答え）ⓐ　9964　　ⓘ10000

千のくらいからじゅんに，大きい数をならべます。

（答え）　　4321

1-2
たし算とひき算（1）
P18, 19

かいとう

（1）800人　（2）400人

（1）127ページ　（2）38ページ

46ぴき

693円

225こ

かいせつ

1

（1）　合わせた人数は，たし算でもとめます。

600＋200＝800

（答え）　　800人

（2）　ちがいの数は，ひき算でもとめます。多いほうの人数から少ないほうの人数をひいてもとめます。

600－200＝400

（答え）　　400人

2

（1）　多いほうの数は，たし算でもとめます。少ないほうの数にちがいの数をたしてもとめます。

92＋35＝127

$$
\begin{array}{r}
9\,2 \\
+\;3\,5 \\
\hline
1\,2\,7
\end{array}
$$

（答え）　127ページ

（2） のこりの数は，ひき算でもとめ
ます。はじめのページ数から読ん
だページ数をひいてもとめます。

$$92 - 54 = 38$$

$$
\begin{array}{r}
\overset{8}{\cancel{9}}2 \\
-\ 54 \\
\hline
38
\end{array}
$$

（答え）　38ページ

③

一部の数は，ひき算でもとめます。
全部の数からわかる部分をひいても
とめます。

$$128 - 82 = 46$$

$$
\begin{array}{r}
128 \\
-\ 82 \\
\hline
46
\end{array}
$$

（答え）　46ぴき

④

多いほうの数は，たし算でもとめ
ます。少ないほうの数にちがいの数
をたしてもとめます。

$$654 + 39 = 693$$

$$
\begin{array}{r}
6\overset{1}{5}4 \\
+\ 39 \\
\hline
693
\end{array}
$$

（答え）　693円

⑤

ふえた数は，ひき算でもとめま
す。ふえたあとの数からふえる前の
数をひいてもとめます。

$$293 - 68 = 225$$

$$
\begin{array}{r}
2\overset{8}{\cancel{9}}3 \\
-\ 68 \\
\hline
225
\end{array}
$$

（答え）　225こ

1-3

かけ算（1）

P22, 2

かいとう

① （1）24こ　（2）15人
　　（3）14ページ
② （1）7　（2）4
③ 17こ

かいせつ

①

（1）　6こ入ったふくろの4つ分なので

$$
\underset{\substack{1ふくろ分\\の数}}{6} \times \underset{\substack{ふくろの数}}{4} = \underset{\substack{全部の数}}{24}
$$

（答え）　24こ

102

（2） 5人乗っている車の3台分なので，

$$5 \times 3 = 15$$
1台分の数　　車の数　　全部の数

（答え）　　15人

（3） 2ページが1週間分（7日分）
あるので，

$$2 \times 7 = 14$$
1日分の数　　日数　　全部の数

（答え）　　14ページ

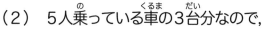

（1） かける数が1ふえると，答えは
かけられる数だけ大きくなりま
す。かけられる数が7なので，
7大きくなります。

$$7 \times 5 = 35$$
$$7 \times 6 = 42$$
7大きくなる

（答え）　　7

（2） かけられる数とかける数を入れ
かえても，答えは同じになります。

$$4 \times 9 = 36$$
$$9 \times \boxed{} = 36$$
答えは同じ

9×4も答えは36です。

（答え）　　4

③

はじめにあったチョコレートの数
をもとめます。
8こ入った箱の3箱分なので，

$$8 \times 3 = 24$$
1箱分の数　　箱の数　　全部の数

のこりの数をひき算でもとめます。
きのう5こ，今日2こ食べたので，

$$24 - 5 - 2 = 17$$

［べつの　とき方］
きのうと今日食べたチョコレート
の数は，

$$5 + 2 = 7$$で，7こです。
のこりの数をひき算でもとめます。
はじめにあった数から食べた数を
ひいてもとめます。

$$24 - 7 = 17$$

（答え）　　17こ

長さとかさ

P28, 29

かいとう

① （1）5cm2mm　（2）7cm3mm

② （1）46cm6mm

　　（2）10m94cm

③ あ

④ （1）1L1dL　（2）1L7dL

かいせつ

①

（1）　ものさしの0のめもりと線のはしをそろえて長さをはかります。1cmが5つ分と1mmが2つ分で，5cm2mmです。

（答え）　**5cm2mm**

（2）　線がおれ曲がっているところで，2本に分けます。1本ずつ線の長さをものさしではかってから，長さを合わせます。

　左がわの線の長さは，1cmが2つ分と1mmが8つ分で2cm8mm，右がわの線の長さは，1cmが4つ分と1mmが5つ分

で4cm5mmです。2cm8mmと4cm5mmを合わせた長さは6cm13mmです。

　10mm＝1cmなので，

6cm13mm＝7cm3mmです。

（答え）　**7cm3mm**

②

同じたんいどうしを計算します。

（1）

$$15cm\,7mm + 30cm\,9mm = 45cm\,16mm$$

10mm＝1cmなので，

45cm16mm＝46cm6mm

（答え）　**46cm6mm**

（2）　20mを19m100cmとしてかんがえます。

20m－9m6cm

$$= 19m\,100cm - 9m\,6cm = 10m\,94cm$$

（答え）　**10m94cm**

3

たんいをmLにそろえます。

　⓪は，１Lを10こに分けたかさ6こ分なので6dLです。

１dL＝100mLなので，

６dL＝600mLです。

　⓪は，１dLの５こ分なので5dLです。５dL＝500mLです。

　⓪は，580mLです。

　いちばん多いのは，⓪です。

（答え）　　　⓪

4

同じたんいどうしを計算します。

（１）　3dL＋8dL＝11dL

　　　10dL＝１Lなので，

　　　11dL＝１L１dLです。

（答え）　　1L1dL

（２）　2Lを1L10dLとして考えます。

2L－3dL＝ 1L 10dL－3dL＝ 1L 7dL

（答え）　　1L7dL

三角形と四角形

かいとう

1 三角形　⓪，四角形　⓪

2 直角三角形　⓪，⓪

　　長方形　⓪，⓪

　　正方形　⓪，⓪

3 ⓪と⓪

4 （1）20cm

　　（2）

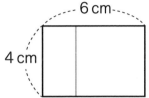

または

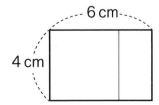

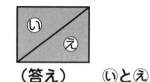

かいせつ

①
三角形は，3本の直線でかこまれた形なので，おです。
四角形は，4本の直線でかこまれた形なので，うです。

　（答え）三角形　お，四角形　う

②
直角三角形は，直角のかどがある三角形なので，いときです。

えは直角のかどがないので，直角三角形ではありません。

長方形は，4つのかどが全部直角になっている四角形なので，おとかです。

正方形は，4つのかどが全部直角で，4つの辺の長さが全部同じ四角形なので，うとくです。

　（答え）直角三角形　い，き，
　　　　　　長方形　お，か，
　　　　　　正方形　う，く

③
いとえは同じ直角三角形なので，右上の図のように組み合わせると長方形ができます。

（答え）　　　　いとえ

④
（1）　長方形の向かい合う辺の長さ同じです。

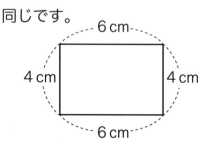

$4+4+6+6=20$で，20cです。

　（答え）　　　20cm

（2）　正方形は4つの辺の長さが全同じ四角形です。

下のように直線を引くと，1の長さが4cmの正方形1つと辺の長さが6cmと2cmの長方1つに分けられます。

（答え）

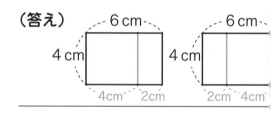

106

箱の形

P36，37

かいとう

1 （1）12本

（2）長方形　4つ，
　　正方形　2つ

2 （1）8こ　（2）4cm

3 （1）あを2まい，えを2まい，
　　おを2まい

（2）うを6まい

いせつ

1

（1）　箱の形に，辺は12本あります。

（答え）　　12本

（2）　この箱の全部の面を写し取ると，下のようになります。

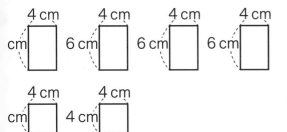

辺の長さが4cmと6cmの長方形の面が4つと，1辺の長さが4cmの正方形の面が2つあります。

（答え）　長方形　4つ

　　　　　正方形　2つ

2

（1）　箱の形に，ちょう点は8こあります。

（答え）　　　8こ

（2）　右の図で，同じしるしをつけた辺が同じ長さです。あの長さは4cmです。

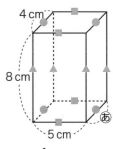

（答え）　　4cm

3

（1）　この箱の形は，辺の長さが3cmと5cmの長方形の面，辺の長さが5cmと6cmの長方形の面，辺の長さが3cmと6cmの長方形の面がそれぞれ2つずつでできています。

（答え）あを2まい，えを2まい，

　　　　　おを2まい

（2） この箱の形は，１辺の長さは
　　４cmの正方形の面が６つででき
　　ています。

（答え）　⊙を６まい

2−1
時こくと時間

P42，43

かいとう

1 （1）午前９時25分
　（2）午前11時40分
　（3）午後１時５分
2 （1）70　（2）1，30
3 ２時間50分
4 あゆみさんが18秒長い

かいせつ

1

（1）　ともやさんの家から公園までは
　　15分かかるので，ともやさんが
　　家を出た時こくは，午前９時40
　　分の15分前の時こくです。
　　　40−15＝25なので，午前９
　　時25分です。

（答え）午前９時25分

（2）　午前９時40分の２時間後の時
　　こくは，９＋２＝11なので，午
　　前11時40分です。

（答え）午前11時40分

（3）
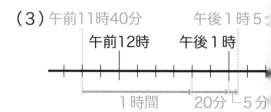

　　午前11時40分から１時間
　たった時こくは，午前12時40
　分です。午前12時40分から午
　後１時までは20分です。
　　25−20＝5なので，午前１
　時40分の１時間25分後の時こ
　くは，午後１時５分です。

[べつのとき方1]
　午前11時40分から午前12時
　までは20分なので，
　25−20＝5で，5分となりま
　す。

午前12時から午後1時までは1時間です。午後1時から5分後の時こくは午後1時5分なので，午前11時40分から1時間25分後の時こくは，午後1時5分です。

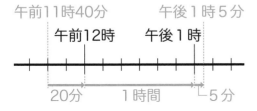

[べつのとき方2]

　時間は時間，分は分で計算します。午前11時40分に1時間25分をたすと，午前12時65分です。60分＝1時間なので，1時間を時こくへくり上げます。午前12時に1時間くり上げると午後1時です。65－60＝5なので，午前11時40分から1時間25分たった時こくは午後1時5分です。

（答え）午後1時5分

❷

（1）　1分＝60秒なので，1分10秒は60秒と10秒に分けられます。
　　60＋10＝70なので，1分10秒は70秒です。

（答え）　　70

（2）　60秒＝1分なので，90秒から60秒をひきます。
　　90－60＝30なので，90秒は1分30秒です。

（答え）　　1, 30

❸

　午前10時30分から午前11時までの時間は30分，午前11時から午後1時までの時間は2時間，午後1時から午後1時20分までの時間は20分です。

　3つの時間を合わせると，2時間50分です。

（答え）　2時間50分

④

1分＝60秒なので，3分は，
60＋60＋60＝180で，180秒
です。3分7秒は，187秒です。

187秒と169秒をくらべると，
187－169＝18で，あゆみさん
が，18秒長いです。

（答え）あゆみさんが18秒長い

2-2

かけ算（2）

P46，47

① （1）92　　　（2）714

　　（3）740　　（4）5152

　　（5）2800　（6）5616

　　（7）5738　（8）10842

② （1）126こ　（2）288本

　　（3）8320円　（4）800円

①

（1）
```
    2 3  ┌四三12で，1くり上げる
  ×   4  └四八が8で，8＋1＝9
    9¹2 ←┘
```

（答え）　　92

（2）
```
    4 2   ┌42×7の答え
  × 1 7   ┌42×1の答えを
  2 9¹4 ←─┘十のくらいから書く
  4 2   ←
  7 1 4
```

（答え）　　714

（3）　10×74は，74の10倍なの
　　で，740です。

（答え）　　740

（4）
```
    5 6
  × 9 2
  1 1¹2
  5 0⁵4
  5 1 5 2
```

（答え）　　5152

（5）　100×28は，28の100倍
　　なので，2800です。

（答え）　　2800

（6）
```
    6 2 4
  ×     9
  5 6 1 6
```

（答え）　　5616

(7)
```
    151
  ×  38
   1208
   453
   5738
```

(答え)　　5738

(8)
```
    417
  ×  26
   2502
   834
  10842
```

(答え)　　10842

②

(1)　はじめにあったあめの数は，9
　　　この14人分なので，

9×14＝126
```
      9
  ×  14
     36
     9
    126
```

(答え)　　126こ

(2)　12本入った箱の24箱分なの
　　　で，

12×24＝288
```
     12
  ×  24
     48
    24
    288
```

(答え)　　288本

(3)　集める電車代は，260円の
　　　32人分なので，

260×32＝8320
```
     260
  ×   32
     520
    780
    8320
```

(答え)　　8320円

(4)　ボールペンのねだんは，160
　　　円の5倍なので，

160×5＝800
```
     160
  ×    5
     800
```

(答え)　　800円

わり算

P50, 51

かいとう

① （1）9グループ （2）7こ
② （1）3倍 （2）4倍
③ （1）1人分は6こで，4こあまる
　　（2）9きゃく
④ （1）32まい （2）12本

かいせつ

①

（1）　72人を8人ずつに分けるので，

$$72 \div 8 = 9$$
全部の　　1つのグループ　　グループ
人数　　　の人数　　　　　の数

　　　　　　（答え）　9グループ

（2）　35こを5人で分けるので，

$$35 \div 5 = 7$$
全部の　　分ける　　1人分
こ数　　　人数　　　のこ数

　　　　　　（答え）　　7こ

②

（1）　21mが7mの何倍かをもとめ
るので，

$$21 \div 7 = 3$$
赤いリボン　白いリボン　何倍
の長さ　　　の長さ

　　　　　　（答え）　　3倍

（2）　36さいが9さいの何倍かをもとめるので，

$$36 \div 9 = 4$$
お父さんの　りほさんの　何倍
年れい　　　年れい

　　　　　　（答え）　　4倍

③

（1）　40こを6人で分けるので，

$$40 \div 6 = 6 \text{あまり} 4$$
全部の　分ける　1人分　あまり
こ数　　人数　　のこ数　こ数

（答え）1人分は6こで，4こあま

（2）　43人が5人ずつすわるので，

$$43 \div 5 = 8 \text{あまり} 3$$
全部の　1きゃく　長いす　あま
人数　　の人数　　の数　　人数

あまった3人がすわるためには
長いすがもう1きゃくひつよう
す。

$$8 + 1 = 9$$

　　　　　　（答え）　9きゃく

④

（1）　96まいを3つに分けるので，

$$96 \div 3 = 32$$
全部の　ふくろの　1ふくろ分
まい数　数　　　　のまい数

（答え）　　32まい

（2）　48cmを4cmずつ分けるので，

$$48 \div 4 = 12$$

全部の　　1本分の　　テープの
長さ　　　長さ　　　本数

（答え）　　12本

2-4

たし算とひき算（2）

P54, 55

P54, 55

かいとう

1 （1）498まい

　（2）赤い色紙が132まい多い

2 305ひき

3 （1）4104円　（2）896円

4 1516人

かいせつ

1

（1）　全部の数はたし算でもとめます。

$$315 + 183 = 498$$

```
   3 1 5
 + 1 8 3
 ─────────
   4 9 8
```

（答え）　　498まい

（2）　ちがいの数はひき算でもとめます。

　　多いほうから少ないほうをひいてもとめます。

$$315 - 183 = 498$$

```
     2
   3̷ 1 5
 - 1 8 3
 ─────────
   1 3 2
```

（答え）赤い色紙が132まい多い

2

全部の数はたし算でもとめます。

$$270 + 35 = 305$$

```
     1
   2 7 0
 +   3 5
 ─────────
   3 0 5
```

（答え）　　305ひき

3

（1）　代金はたし算でもとめます。

$$3240 + 864 = 4104$$

```
     1 1
   3 2 4 0
 +   8 6 4
 ───────────
   4 1 0 4
```

（答え）　　4104円

（2） おつりはのこりの数なので，ひき算でもとめます。出したお金から，全部の代金をひいてもとめます。

$$5000 - 4104 = 896$$

$$\begin{array}{r} 4\ 9\ 9 \\ 5\ \cancel{0}\ \cancel{0}\ \cancel{0} \\ -\ 4\ 1\ 0\ 4 \\ \hline 8\ 9\ 6 \end{array}$$

［べつのとき方］

出したお金から，ケーキのねだんとクッキーのねだんをひいてもとめます。

$$5000 - 3240 - 864 = 896$$

（答え）　　896円

❹

少ないほうの数はひき算でもとめます。多いほうの数からちがいの数をひいてもとめます。

$$1602 - 86 = 1516$$

$$\begin{array}{r} 5\ 9 \\ 1\ \cancel{6}\ \cancel{0}\ 2 \\ -\ \ \ \ 8\ 6 \\ \hline 1\ 5\ 1\ 6 \end{array}$$

（答え）　　1516人

かいとう

❶（1）6人　（2）4人

（3）7人

❷（1）4人

（2）あ 9　い 2　（3）28人

かいせつ

❶

（1）　たての1目もりは1人を表しいます。水色がすきと答えた人6目もり分なので，6人です。

（答え）　　6人

（2）　青がすきと答えた人は9人，がすきと答えた人は5人なので青がすきと答えた人は，

9−5＝4多いです。

（答え）　　4人

（3） その他は，赤，青，ピンク，水色，黄色いがいの色を答えた人の合計です。

　　5＋9＋4＋6＋3＝27です。

クラスの人数が34人なので，その他の人数は，34－27＝7です。

（答え）　　7人

（1） 下の表の矢じるしが重なるところです。

かりた本

しゅるい ＼ 組	1組	2組	3組	合計
物語	10	12	あ	31
でん記	→	4	2	
絵本	9	7	12	
科学図かん	い	5	3	10
その他	7	4		16
合計	31		31	94

（答え）　　4人

（2） 物語の本をかりた人の合計は31人なので，あにあてはまる数は，31－10－12＝9です。

　　科学図かんの本をかりた人の合計は10人なので，いにあてはまる数は，10－5－3＝2です。

（答え）　あ 9　い 2

（3） 下の表の矢じるしが重なるところです。

かりた本

しゅるい ＼ 組	1組	2組	3組	合計
物語	10	12	あ	31
でん記		4	2	
絵本	9	7	12	→
科学図かん	い	5	3	10
その他	7	4		16
合計	31		31	94

絵本をかりた人の合計は，9＋7＋12＝28です。

（答え）　　28人

円と球

P62, 63

かいとう

① (1) 6cm (2) 6cm
   (3) 3cm
② 8cm
③ (1) 20cm (2) 100cm

かいせつ

①

（1） 円の半径は，直径の半分なので，
点ウを中心とする円の半径は，

12÷2＝6です。

（答え）　　6cm

（2） 点イを中心とする円の直径は直
線アウの長さです。直線アウは点
ウを中心とする円の半径なので，
6cmです。

（答え）　　6cm

（3） 円の半径は，直径の半分なので，
点イを中心とする円の半径は，

6÷2＝3です。

（答え）　　3cm

②

下の図のように，直線アイの上
円がぴったりくっついている点を
エとします。直線アエの長さは円
半径なので4cm，直線イエの長さ
も円の半径なので4cmです。直線
アイの長さは，4＋4＝8です。

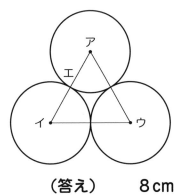

（答え）　　8cm

③

（1） ボールの直径は，箱のたての
さと同じなので，20cmです。

（答え）　　20cm

（2） 箱の横の長さはボールの直径
つ分なので，20×5＝100で

（答え）　　100cm

10000より大きい数

P68，69

かいとう

1 （1）80591000　（2）1

（3）46こ　（4）2500こ

2 ⓐ 9400万　ⓘ 9700万

3 （1）<　（2）=

かいせつ

1

（1）千万が8こで80000000，
十万が5こで500000，
一万が9こで90000，
千が1こで1000，合わせて，
85091000です。

（答え）85091000

（2）下の表で考えます。

千万のくらい	百万のくらい	十万のくらい	一万のくらい	千のくらい	百のくらい	十のくらい	一のくらい
3	4	1	7	6	5	0	2

（答え）　　1

（3）460000は，400000と
60000を合わせた数です。
400000は10000を40こ集
めた数，60000は10000を6
こ集めた数なので，460000は
10000を46こ集めた数です。

（答え）　　46こ

（4）25000000は，
20000000と5000000を
合わせた数です。20000000
は10000を2000こ集めた数，
5000000は10000を500
こ集めた数なので，
25000000は10000を
2500こ集めた数です。

（答え）　　2500こ

②

いちばん大きい目もりは，1000万を5つに分けているので，1目もりは，200万を表しています。

あ
9000万　9200万

200万　200万

9000万よりいちばん大きい目もり2つ右にあるので，9000万より400万大きい数で，9400万です。

い　1億よりいちばん大きい1目もり1つと，いちばん大きい1目もりの半分左にあります。いちばん大きい1目もりの半分は100万なので，1目もり1つと半分で合わせて300万です。1億より300万小さい数で，9700万です。

9800万　1億

100万　200万

（答え）あ 9400万　い 9700万

③

（1）478902は十万のくらいまでの数で，3521761は百万のくらいまでの数なので，3521761のほうが大きいです。

（答え）　　＜

（2）□の右がわを計算すると，
200000＋500000＝700000
なので，□の左がわと同じになります。

（答え）　　＝

2=8
長さと重さ

P72，7

かいとう

①（1）645　（2）3500
②（1）2km200m　（2）400m
③ 250g
④（1）13kg　（2）900g
　（3）100g

かいせつ

①

（1）　1m＝100cmなので，

6m＝600cmです。

600cmと45cmなので，

600cm＋45cm＝645cmです。

（答え）　　645

（2）　1km＝1000mなので，

3km＝3000mです。

3000mと500mなので，

3000m＋500m＝3500m

です。

（答え）　　3500

②

同じたんいどうしで計算します。

（1）　700m＋1km500m

＝1km1200m

1000m＝1kmなので，

1km1200m＝2km200mで

す。

（答え）　2km200m

（2）　100mから700mはひけませ

ん。1km＝1000mなので，1

km100mを1100mとして考え

ます。

1km100m－700m

＝1100m－700m＝400m

です。

（答え）　　400m

③

はかりのいちばん小さい目もりは，

100gを10こに分けているので，

1目もりは，10gです。200gと

10gが5つ分なので，250gです。

（答え）　　250g

④

同じたんいどうしで計算します。

（1）　重さのちがいはひき算でもとめ

ます。

28kg－15kg＝13kg

（答え）　　13kg

（2）　箱全体の重さから箱だけの重さ

をひいて，本の重さをもとめます。

200gから300gはひけませ

ん。1kg＝1000gなので，

1kg200gを1200gとして考

えます。

1kg200g－300g

＝1200g－300g＝900g

（答え）　　900g

（3） 箱全体の重さからジュースのび
ん３本分の重さをひいて，箱だけ
の重さをもとめます。ジュースの
びん３本分の重さは，

800×3＝2400

1000g＝1kgなので，

2000g＝2kgです。

2400g＝2kg400gなので，

2kg500g－2kg400g＝100g

（答え）　　100g

2＝9

単位のしくみ

P76，77

かいとう

1（1）100倍　（2）1000倍

（3）10倍

2（1）1000倍　（2）$\frac{1}{100}$

3（1）4200000　（2）280

（3）16000

4（1）1000倍　（2）1000倍

（3）$\frac{1}{100}$

かいせつ

1

（1）　c（センチ）は$\frac{1}{100}$を表してい
ます。$\frac{1}{100}$は1を100等分し〔
1こ分なので，1cmが100こ集
まると，1mになります。1m〔
1cmの100倍です。

（答え）　　100倍

（2）　1t＝1000kgなので，1tは
1kgの1000倍です。

（答え）　　1000倍

（3）　d（デシ）は$\frac{1}{10}$を表していま
す。$\frac{1}{10}$は1を10等分した1こ
分なので，1dLが10こ集まると
1Lになります。1Lは1dLの
10倍です。

（答え）　　10倍

2

（1） k（キロ）は1000倍を表して
います。

（答え）　**1000倍**

（2） c（センチ）は$\frac{1}{100}$を表してい
ます。

（答え）　$\frac{1}{100}$

3

（1） 1km＝1000m，
1m＝100cmなので，42km
＝42000m＝4200000cm
です。

（答え）　**4200000**

（2） 1000g＝1kgなので，
280000g＝280kgです。

（答え）　**280**

（3） 1L＝1000mLなので，
16L＝16000mLです。

（答え）　**16000**

4

あ　k（キロ）は1000倍を表して
いるので，1kmは1mの1000
倍です。

い　k（キロ）は1000倍を表して
いるので，1kgは1gの1000
倍です。

う　m（ミリ）は$\frac{1}{1000}$を表して
います。$\frac{1}{1000}$は1を1000等
分した1こ分です。d（デシ）は
$\frac{1}{10}$を表しています。$\frac{1}{10}$は1を
10等分した1こ分です。1mLは
1dLを100等分した1こ分なの
で，1mLは1dLの$\frac{1}{100}$です。

（答え）あ　**1000倍**　い　**1000倍**

う　$\frac{1}{100}$

小数

P80, 81

かいとう

①（1）3, 9 （2）5.2

②（1）0.9＞0.5

（2）0.4, 0.7, 1.3

③（1）0.8L （2）14m

（3）4.6cm

かいせつ

①

（1） 3.9は, 3と0.9を合わせた数
です。

3は1を3こ集めた数, 0.9は
0.1を9こ集めた数です。

（答え） 3, 9

（2） 0.1が10こで1になるので,
0.1が50こで5です。0.1が2こ
で0.2です。

5と0.2で5.2なので, 0.1を
52こ集めた数は5.2です。

（答え） 5.2

②

（1） 一のくらいの数字はどちらも
で同じなので, 小数第一位の数字
をくらべます。9＞5なので,
0.9＞0.5です。

（答え） 0.9＞0.5

（2） 一のくらいが1の1.3がいちば
ん大きい数です。0.7と0.4の小
数第一位の数字をくらべると,
のほうが4より大きいので, 0.
のほうが0.4より大きいです。
つの数を小さいじゅんにならべ
と, 0.4, 0.7, 1.3です。

（答え） 0.4, 0.7, 1.3

③

（1） ちがいのかさはひき算でもと
ます。多いほうのかさから, 少
いほうのかさをひいてもとめま

2.2 － 1.4 ＝ 0.8

ポットの　　ペット　　ちがいの
水のかさ　　ボトルの　　かさ
　　　　　　水のかさ

（答え） 0.8L

（2）　合わせた長さはたし算でもとめ
　　　ます。

$$9.8 + 4.2 = 14$$

$$\begin{array}{r} 1 \\ 9.8 \\ + \ 4.2 \\ \hline 1 4.\cancel{0} \end{array}$$

← 小数第一位が0のときは，
　0と小数点を消す。

（答え）　　**14m**

（3）　短いほうの長さはひき算でもと
　　　めます。長いほうの長さから，長
　　　さのちがいをひいてもとめます。

$$6.4 - 1.8 = 4.6$$
赤い　　長さの　　青い
リボンの　ちがい　　リボンの
長さ　　　　　　　長さ

$$\begin{array}{r} 5 \\ \cancel{6}.4 \\ - \ 1.8 \\ \hline 4.6 \end{array}$$

（答え）　　**4.6cm**

2-11
分数

P84, 85

かいとう

1 （1）$\dfrac{5}{6}$　（2）5

2 （1）＞　（2）＝

3 （1）$\dfrac{7}{9}$kg　（2）$\dfrac{4}{10}$m

　（3）$\dfrac{3}{4}$L

かいせつ

1

（1）　1を6等分した大きさの5つ分
　　　の大きさなので，$\dfrac{5}{6}$です。

（答え）　　　$\dfrac{5}{6}$

（2）　$\dfrac{1}{5}$は，1を5等分した1つ分の
　　　大きさなので，1にするために
　　　は，5こ集めればよいです。

（答え）　　　5

2

（1）　1を9等分した5つ分の大きさ
　　　と，1を9等分した4つ分の大き
　　　さでは，5つ分のほうが大きいで
　　　す。$\dfrac{5}{9} > \dfrac{4}{9}$です。

（答え）　　　＞

（2）　$\dfrac{8}{8}$は1を8等分した大きさの8
　　　つ分なので，$\dfrac{8}{8}=1$です。

（答え）　　　＝

3

（1） 全部の重さはたし算でもとめます。$\frac{4}{9}$は$\frac{1}{9}$が4こ分，$\frac{3}{9}$は$\frac{1}{9}$が3こ分なので，$\frac{1}{9}$が（4＋3）で，

$$\frac{4}{9} + \frac{3}{9} = \frac{7}{9}$$

ともこさんが　　妹が　　　　　　全部の
とった重さ　　　とった重さ　　　重さ

（答え）　　$\frac{7}{9}$kg

（2） ちがいの長さはひき算でもとめます。長いほうの長さから，短いほうの長さをひいてもとめます。$\frac{7}{10}$は$\frac{1}{10}$が7こ分，$\frac{3}{10}$は$\frac{1}{10}$が3こ分なので，$\frac{1}{10}$が（7－3）で，

$$\frac{7}{10} - \frac{3}{10} = \frac{4}{10}$$

白いリボン　　　青いリボン　　　ちがい
の長さ　　　　　の長さ　　　　　の長さ

（答え）　　$\frac{4}{10}$m

（3） のこりのかさはひき算でもとめます。$1 = \frac{4}{4}$です。$\frac{4}{4}$は$\frac{1}{4}$が4こ分，$\frac{1}{4}$は$\frac{1}{4}$が1こ分なので，$\frac{1}{4}$が（4－1）で，

$$1 - \frac{1}{4} = \frac{4}{4} - \frac{1}{4} = \frac{3}{4}$$

はじめの　　　使った　　　　　のこりの
ペンキの　　　ペンキの　　　　ペンキの
かさ　　　　　かさ　　　　　　かさ

（答え）　　$\frac{3}{4}$L

2=12
□を使った式

P88，8

かいとう

1 Ⓤ

2 □＋18＝50

3 □×8＝56，7人

4 40－□＝27，13まい

1

あの場面を表すことばの式は,

$$\boxed{1箱のチョコレートの数} \times \boxed{箱の数}$$
$$= \boxed{全部のチョコレートの数}$$

なので, 4×□＝20です。

いの場面を表すことばの式は,

$$\boxed{いちごの数} \div \boxed{人数}$$
$$= \boxed{1人分のいちごの数}$$

なので, 20÷□＝4です。

うの場面を表すことばの式は,

$$\boxed{はじめの人数} - \boxed{帰った人数}$$
$$= \boxed{のこりの人数}$$

なので, 20－□＝4です。

（答え）　　　　う

2

$$\boxed{ある数} + 18 = 50 なので,$$
□＋18＝50です。

（答え）□＋18＝50

3

場面をことばの式に表すと,

$$\boxed{いすにすわる人数} \times \boxed{長いすの数}$$
$$= \boxed{子どもの数} です。$$

1つの長いすにすわる人数がわからないので, □人として, □とわかっている数を, 式にあてはめます。

□×8＝56

□にあてはまる数をもとめると,

□＝56÷8

□＝7

（答え）□×8＝56, 7人

4

場面をことばの式に表すと,

$$\boxed{はじめのまい数} - \boxed{あげたまい数}$$
$$= \boxed{のこりのまい数} です。$$

あげたまい数がわからないので, □まいとして, □とわかっている数を, 式にあてはめます。

40－□＝27

□にあてはまる数をもとめると,

□＝40－27

□＝13

（答え）40－□＝27, 13まい

二等辺三角形と正三角形

P92，93

かいとう

① （1）二等辺三角形 （2）⑤

② 8cm

③ （1）6cm （2）18cm

④ （れい）

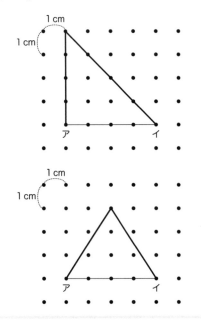

かいせつ

①

（1） 直線アイのところで同時に切った2つの辺は長さが等しいです。2つの辺の長さが等しい三角形ので，二等辺三角形です。

（答え） 二等辺三角形

（2） ⑥は長さが等しい2つの辺にさまれた角です。のこりの2つ角の大きさが等しいので，⑥ときさが等しい角は⑤です。

（答え） ⑤

②

正三角形の3つの辺の長さは全等しいので，1つの辺の長さはまりの長さを3等分した長さです。

24÷3＝8

（答え） 8cm

③

（1） 辺アイの長さは，2cmの3分なので，2×3＝6です。

（答え） 6cm

（2）　辺イウ，辺アウはどちらも
　　　　２cmの３つ分なので６cmです。
　　　　まわりの長さは，６cmの３つ
　　　　分なので，６×３＝18です。
　　　　３つの辺の長さが等しいので，
　　　三角形アイウは正三角形です。
　　　　　　（答え）　　　18cm

4

　　　２つの辺の長さが４cmの二等辺
　　三角形か，１つの辺の長さが４cm
　　で，のこりの２つの辺の長さが等し
　　い二等辺三角形をかきます。
　　　（答え）（れい）

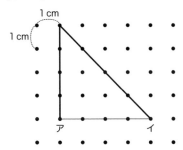

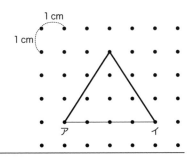

かいとう

1 （1）２回　（2）まさみさん

2 あ　5，う　3

3 （1）10こ　（2）49

かいせつ

1

　　１回め…まさみさんの勝ちで，
　　　　　　まさみさんに６－２＝４
　　　　　　入ります。
　　２回め…はるかさんの勝ちで，
　　　　　　はるかさんに10－７＝3
　　　　　　入ります。
　　３回め…まさみさんの勝ちで，
　　　　　　まさみさんに５－３＝2
　　　　　　入ります。
　　４回め…まさみさんの勝ちで，
　　　　　　まさみさんに９－８＝1
　　　　　　入ります。
　　５回め…はるかさんの勝ちで，
　　　　　　はるかさんに４－２＝2
　　　　　　入ります。

（1）　はるかさんは，2回<ruby>め<rt>かい</rt></ruby>と
　　　5回めに<ruby>勝<rt>か</rt></ruby>ったので，勝った
　　　<ruby>回数<rt>かいすう</rt></ruby>は2回です。

（答え）　　2回

（2）　はるかさんの<ruby>点数<rt>てんすう</rt></ruby>は，3＋2＝5
　　　まさみさんの点数は，
　　　4＋2＋1＝7
　　　なので，ゲームの点数の<ruby>合計<rt>ごうけい</rt></ruby>が<ruby>高<rt>たか</rt></ruby>
　　　かったのは，まさみさんです。

（答え）　　まさみさん

2

　あ÷い＝あを<ruby>考<rt>かんが</rt></ruby>えます。
わり<ruby>算<rt>ざん</rt></ruby>で，<ruby>わられる数<rt>かず</rt></ruby>と<ruby>答<rt>こた</rt></ruby>えが<ruby>等<rt>ひと</rt></ruby>
しいとき，わる数は1になるので，
いは1です。

　う＋え＝あを考えます。のこりの
数2，3，4，5で，この<ruby>式<rt>しき</rt></ruby>にあては
まるのは，2＋3＝5または
3＋2＝5なので，うとえは，2ま
たは3で，あは5です。

お－う＝いを考えます。いは1
ので，お－う＝1です。おはのこ
の数なので，4です。おにあてはま
た式は4－う＝1です。4－う＝
のうにあてあてはまる数は，3で
す。うが3なので，えは2です。

**（答え）あ　5，う　**

3

（1）　「1，2，3，2」が1つのまと
　　　りで，<ruby>くり返<rt>かえ</rt></ruby>しています。4こ
　　　数をひとまとまりとすると，<ruby>左<rt>ひだり</rt></ruby>
　　　ら20<ruby>番<rt>ばん</rt></ruby>めまでには，
　　　20÷4＝5で，「1，2，3，2」
　　　のまとまりが5つあります。
　　　　1つのまとまりに2は2こあ
　　　ので，20番めまでに2こが5
　　　分で，2×5＝10あります。

（答え）　　10こ

（2）「1，2，3，2」のまとまりの数
をたすと，1＋2＋3＋2＝8
で，8です。

25÷4＝6あまり1で，25
番めまでには，「1，2，3，2」の
まとまりが6つと，1この数があ
ることがわかります。

「1，2，3，2」のまとまり6つ
の数を全部たすと，8が6つ分
で，8×6＝48です。

最後の1この数は1なので，
25番めまでの数を全部たすと，
48＋1＝49になります。

（答え）　　49

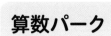

算数パーク

P24, 25

ラインリンク

問題1

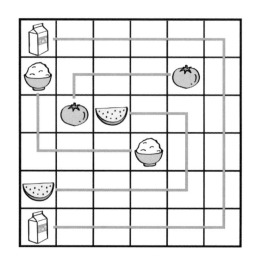

問題2

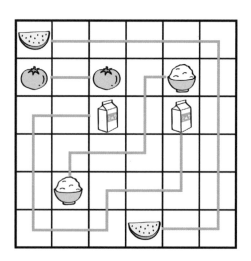

算数パーク

P38, 39

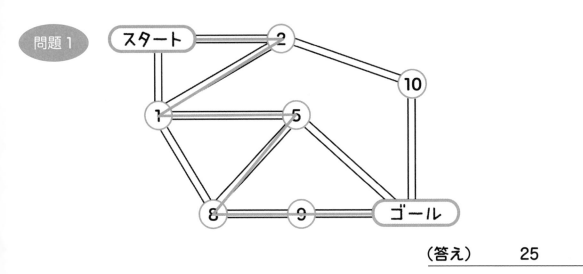

けいさん
計算めいろ

問題1

（答え）　　　25

問題2

（答え）　　　1120

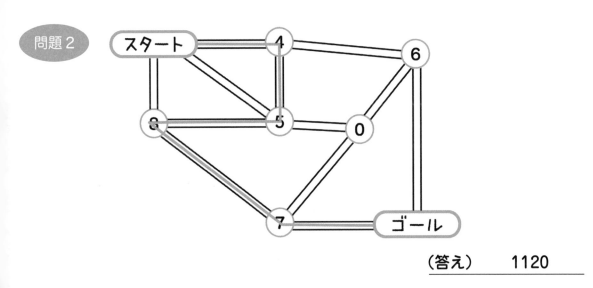

算数パーク

P64, 65

数遊び

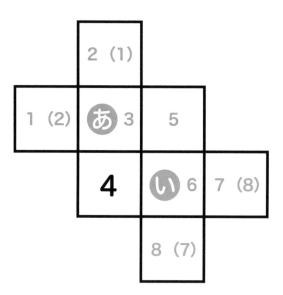

（答え）❶ 3, ❷ 6

算数パーク

ふしぎな箱

問題1

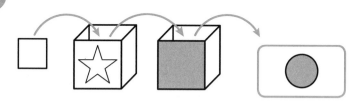

（答え）　　い

問題2

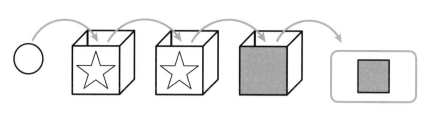

（答え）　　か

◉解説執筆協力：功刀 純子
◉DTP：株式会社 明昌堂
◉カバーデザイン：浦郷 和美
◉イラスト：坂木 浩子

◉編集担当：吉野 薫・加藤 龍平・阿部 加奈子

親子ではじめよう　算数検定9級

2023年5月2日　初　版発行
2024年5月27日　第2刷発行

編　　者　　公益財団法人 日本数学検定協会

発 行 者　　髙田 忍

発 行 所　　公益財団法人 日本数学検定協会
　　　　　　〒110-0005 東京都台東区上野五丁目1番1号
　　　　　　FAX 03-5812-8346
　　　　　　https://www.su-gaku.net/

発 売 所　　丸善出版株式会社
　　　　　　〒101-0051 東京都千代田区神田神保町二丁目17番
　　　　　　TEL 03-3512-3256　FAX 03-3512-3270
　　　　　　https://www.maruzen-publishing.co.jp/

印刷・製本　　株式会社ムレコミュニケーションズ

ISBN978-4-86765-010-3　　C0041

親子ではじめよう

実用数学技能検定® 数検

算数検定

9級

ミニドリル

● 次の計算をしましょう。

（1）　36＋57

（2）　51－33

（3）　400＋500

（4）　321＋55－34

（5）　4×8

（6）　256×3

（7）　$36 \div 9$

（8）　$63 \div 3$

（9）　$3.9 - 2.4$

（10）　$\dfrac{5}{9} + \dfrac{2}{9}$

答えは
10ページを
見てね！

● 次の計算をしましょう。

（1）　72＋18

（2）　105－56

（3）　471－39

（4）　300＋600－400

（5）　5×9

（6）　36×47

（7）　$56 \div 7$

（8）　$88 \div 4$

（9）　$7.7 + 2.5$

（10）　$\dfrac{4}{5} - \dfrac{2}{5}$

答えは
10ページを
見てね！

● 次の計算をしましょう。

(1)　49＋23

(2)　92－64

(3)　590－75

(4)　426＋59－28

（5） 7×3

（6） 306×32

（7） $25 \div 5$

（8） $42 \div 2$

（9） $5.6 - 2.4$

（10） $\dfrac{1}{4} + \dfrac{3}{4}$

答えは10ページを見てね！

● 次^{つぎ}の計算^{けいさん}をしましょう。

（1） 65＋84

（2） 100−59

（3） 367＋28

（4） 546＋47−24

（5） 6×7

（6） 53×84

（7） $81 \div 9$

（8） $96 \div 3$

（9） $6.7 + 4.3$

（10） $1 - \dfrac{4}{7}$

答えは10ページを見てね！

解答

第 1 回

(1) 93 (2) 18

(3) 900 (4) 342

(5) 32 (6) 768

(7) 4 (8) 21

(9) 1.5 (10) $\dfrac{7}{9}$

第 2 回

(1) 90 (2) 49

(3) 432 (4) 500

(5) 45 (6) 1692

(7) 8 (8) 22

(9) 10.2 (10) $\dfrac{2}{5}$

第 3 回

(1) 72 (2) 28

(3) 515 (4) 457

(5) 21 (6) 9792

(7) 5 (8) 21

(9) 3.2 (10) 1

第 4 回

(1) 149 (2) 41

(3) 395 (4) 569

(5) 42 (6) 4452

(7) 9 (8) 32

(9) 11 (10) $\dfrac{3}{7}$

かい とう よう し

(1)	
(2)	
(3)	
(4)	
(5)	
(6)	
(7)	
(8)	
(9)	
(10)	

解答用紙

(1)	
(2)	
(3)	
(4)	
(5)	
(6)	
(7)	
(8)	
(9)	
(10)	

解答用紙

（1）	
（2）	
（3）	
（4）	
（5）	
（6）	
（7）	
（8）	
（9）	
（10）	

解答用紙

（1）	
（2）	
（3）	
（4）	
（5）	
（6）	
（7）	
（8）	
（9）	
（10）	

算数検定